Der Profi-Heimwerker

Bernd Grützmacher

Holzhäuser

Selber bauen und montieren

Callwey

BESONDERER HINWEIS

Bevor Sie an die Verwirklichung der Projekte des Buches gehen, prüfen Sie bitte die Bauvorschriften. Fachmännischer Rat ist wichtig bei Arbeiten, die Installation und Elektrizität betreffen. Obwohl die Anleitungen in diesem Buch nach bestem Wissen und mit Sorgfalt gemacht wurden, kann der Verlag keine Verantwortung übernehmen für Nachteile, Schäden oder Verletzungen, die bei Befolgen der Arbeitsanleitungen entstehen.

Alle in diesem Buch enthaltenen Angaben, Daten, Ergebnisse etc. wurden vom Autor nach bestem Wissen erstellt und von ihm und dem Verlag mit größtmöglicher Sorgfalt überprüft. Gleichwohl sind inhaltliche Fehler nicht vollständig auszuschließen. Daher erfolgen die Angaben etc. ohne jegliche Verpflichtung oder Garantie des Verlags oder des Autors. Beide übernehmen deshalb keinerlei Verantwortung und Haftung für etwaige inhaltliche Unrichtigkeiten und deren sämtliche Folgewirkungen.

Die Deutsche Bibliothek – CIP-Einheitsaufnahme
Holzhäuser selber bauen und montieren /
Bernd Grützmacher. – München: Callwey, 1993.
(Der Profi-Heimwerker)
ISBN 3-7667-1074-5
NE: Grützmacher, Bernd

Umschlaggestaltung   Baur + Belli Design, München,
unter Verwendung der Abbildung 109
Satz   Edith Mocker, Eichenau b. München
Druck und Bindung   Druckerei Kösel, Kempten
ISBN 3-7667-1074-5

Inhalt

Vorwort

Ferienhäuser mit einer maximalen Wohnfläche von 60 m² werden überwiegend schlüsselfertig angeboten. Einige Hersteller gehen aber schon auf handwerklich geschickte Käufer ein, indem sie auch sogenannte *Ausbau- oder Mitbauhäuser* anbieten, bei denen nur der Bausatz ohne Innenausbau montiert wird. Das Fundament ist vom Bauherrn bereitzustellen. Darüber hinaus sind alle Innenausbauten – je nach Können und Zeitaufwand – wie Elektro- und Sanitärinstallationen, Fliesenarbeiten, Holzfußboden und Heizung in Eigenleistungen möglich. Insgesamt können Sie so etwa 30% der Gesamtkosten sparen. Dabei handelt es sich überwiegend um Montagekosten (Löhne), da die Ausbaumaterialien und Einbauten im Komplett-Bausatz enthalten sind.

Handwerklich begabten Lesern, die nicht nur das Fundament, sondern auch andere Arbeiten in Eigenleistung erbringen möchten, zeigen wir in diesem Buch detaillierte Bauabläufe vom Einmessen des Fundaments bis hin zur Eindeckung des Daches, einschließlich wichtiger Hinweise für den Innenausbau.

Bernd Grützmacher, Hamburg 1993

Grundriß, Schnitt und Ansichten

Das in diesem Buch beschriebene, ganzjährig bewohnbare, winterfeste Ferienwohnhaus ist bis auf das Fundament und die Dacheindeckung aus Massivholz in Anlehnung an die deutsche Holzrahmenbauweise gebaut worden. Dabei ist es der Architektin gelungen, die begrenzte Wohnfläche, die für diese Art von Holzhäusern vorgeschrieben ist, so geschickt aufzuteilen und mit interessanten Detailkonstruktionen und sorgfältig gewählten Farbtönen zu kombinieren, daß ein sehr behagliches Wohnmilieu entstand.

Da für Wohnhäuser aus Holz das Fundament vom Bauherrn bereitzustellen ist, wollen wir Sie zunächst mit den damit verbundenen Arbeitsabläufen vertraut machen.

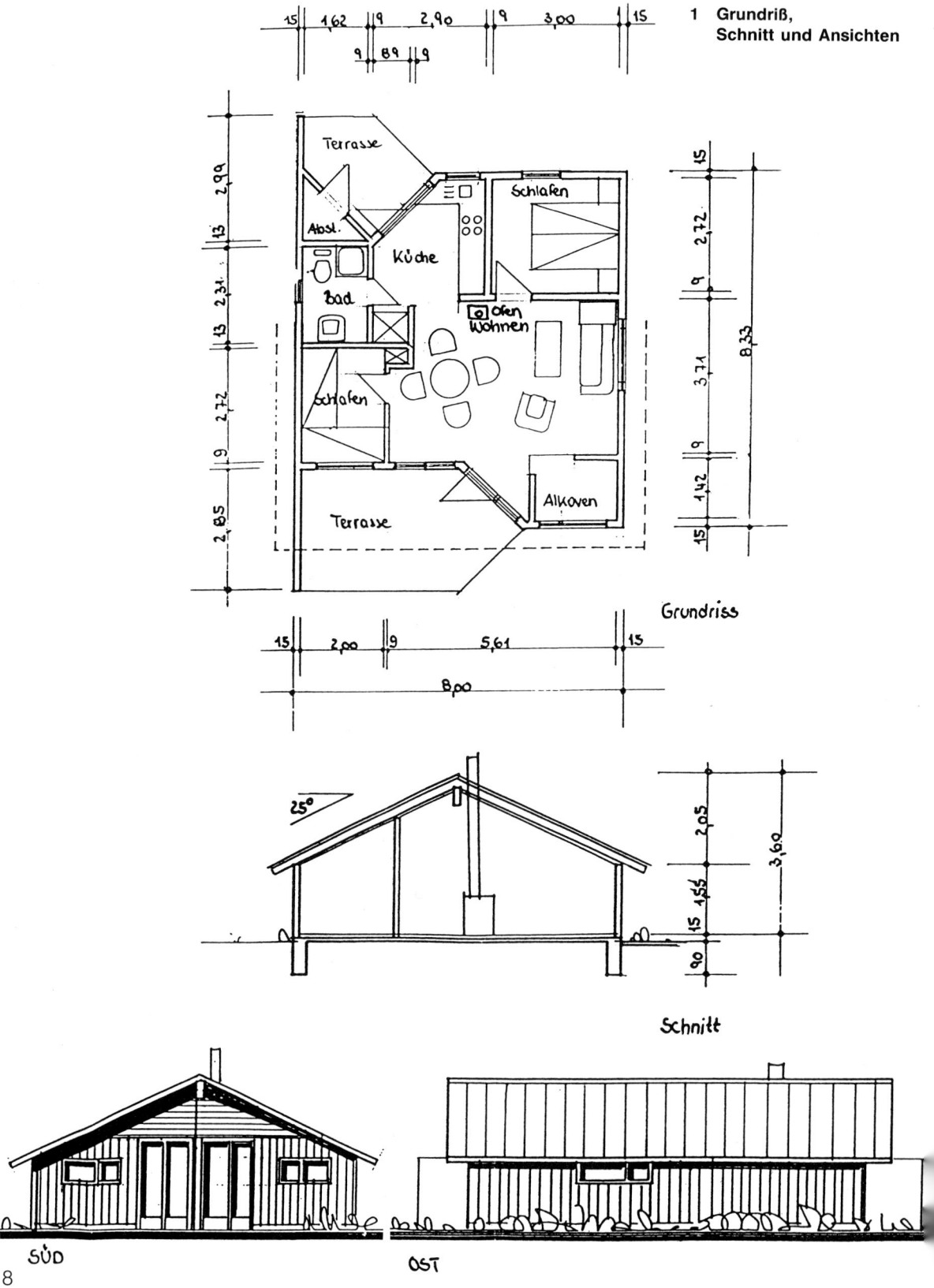

1 Grundriß,
Schnitt und Ansichten

Grundriss

Schnitt

SÜD   OST

8

Fundament

Fundamentplanung

Zur Fundamentplanung gehören folgende Pläne:

Der vom Bauamt genehmigte Lageplan im Maßstab 1:500
Ein Bauabsteckungsplan
Ein Fundamentplan (Maßstab 1:50) mit einem Entwässerungsplan

Im *Lageplan* (s. Abb. 2), der Teil des Bauantrags ist und in Zusammenarbeit mit einem Architekten und dem Bauamt angefertigt wird, sind Lage und Größe des Holzhauses genau festgelegt. Im Maßstab 1:500 sind alle Angaben über Straßen und Wege, Grundstücksgrenzen, Mindestgrenz-Abstände, Baulinien und die Bauwerkmaße (gegebenenfalls auch die Fundamenthöhe) vermerkt. Dieser bauamtlich genehmigte qualifizierte Lageplan ist die Basis für die Gebäude- beziehungsweise Fundamentabsteckung auf dem Baugrundstück.

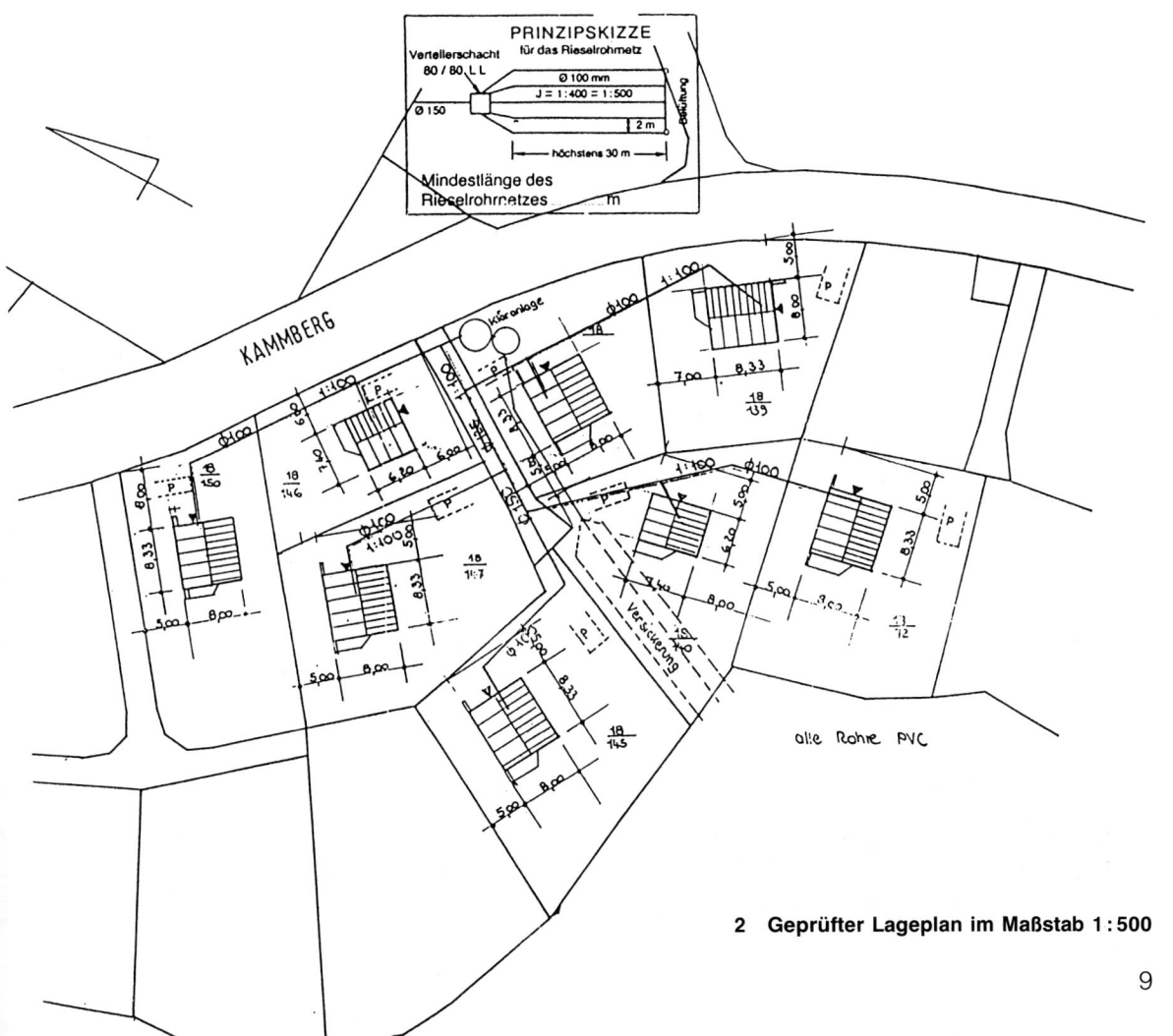

2 Geprüfter Lageplan im Maßstab 1:500

Um die Lagebestimmung des Hauses auf dem Grundstück zentimetergenau abzustecken, sollte nach den Angaben im Lageplan ein *Bauabsteckungsplan* (s. Abb. 3) skizziert werden, um so das Einmessen der Fundamenteckpunkte zu erleichtern. Dieser Plan enthält die Außenmaße des Fundaments mit den jeweiligen Abständen zu den Grundstücksgrenzen und der *Bezugslinie.* Diese Bezugslinie, auch Absteckungsachse genannt, kann eine Grundstücksgrenze oder eine Straßen(mittel)-Achse sein, von der aus Sie die Fundamenteckpunkte einmessen.

Bei rechtwinkligen Gebäudegrundrissen sollte das Längenmaß der Diagonalen ebenfalls im Bauabsteckungsplan zentimetergenau angegeben sein. Mit diesem Kontrollmaß, das der Hypotenuse eines rechtwinkligen Dreiecks entspricht, läßt sich der rechte Winkel jeder Fundamentecke exakt festlegen.

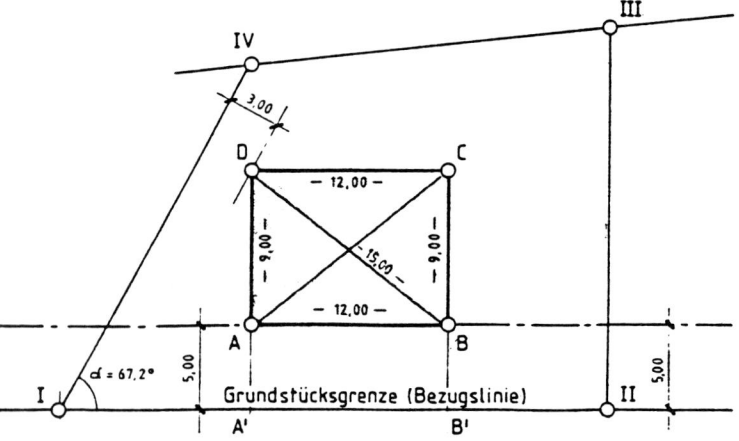

3 Schematische Darstellung eines Bauabsteckungsplanes

Der *Fundamentplan* (s. Abb. 4) ist nach dem Lage- und Bauabsteckungsplan die detaillierteste Planungs- und Ausführungszeichnung. Diese Zeichnung enthält nicht nur die Außenmaße des Fundaments, sondern auch die genauen Maße des umlaufenden Streifenfundaments (Breite und Tiefe) und die Dicke der Sohlplatte (Fundamentplatte), einschließlich kapillarbrechender Schicht. Bis auf den halben Zentimeter genau ist auch die künftige Raumaufteilung festgehalten. Dies erleichtert dem Bauherrn oder Architekten, Ver- und Entsorgungsleitungen, die durch das Fundament zu führen sind, exakt einzuzeichnen.

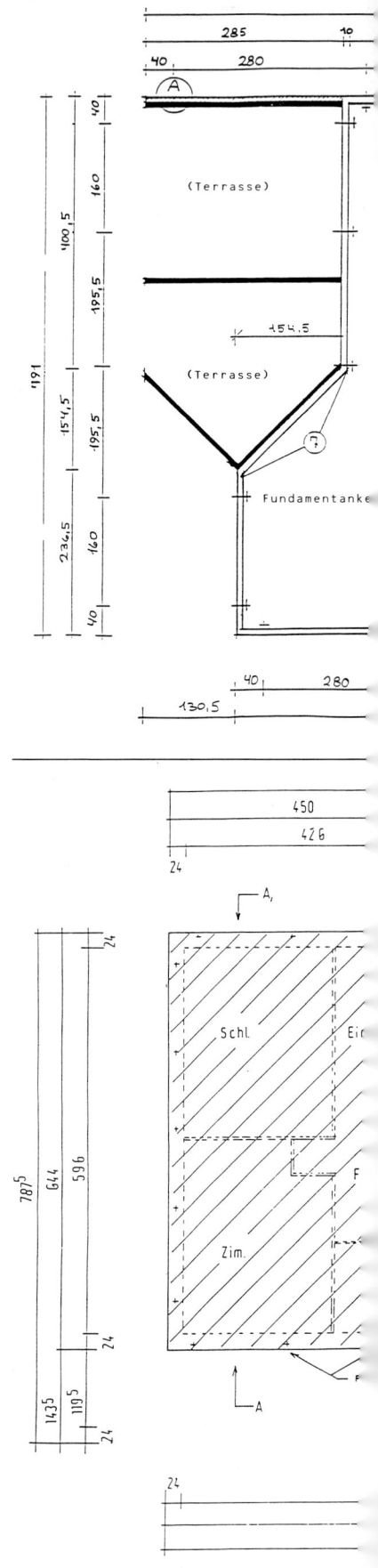

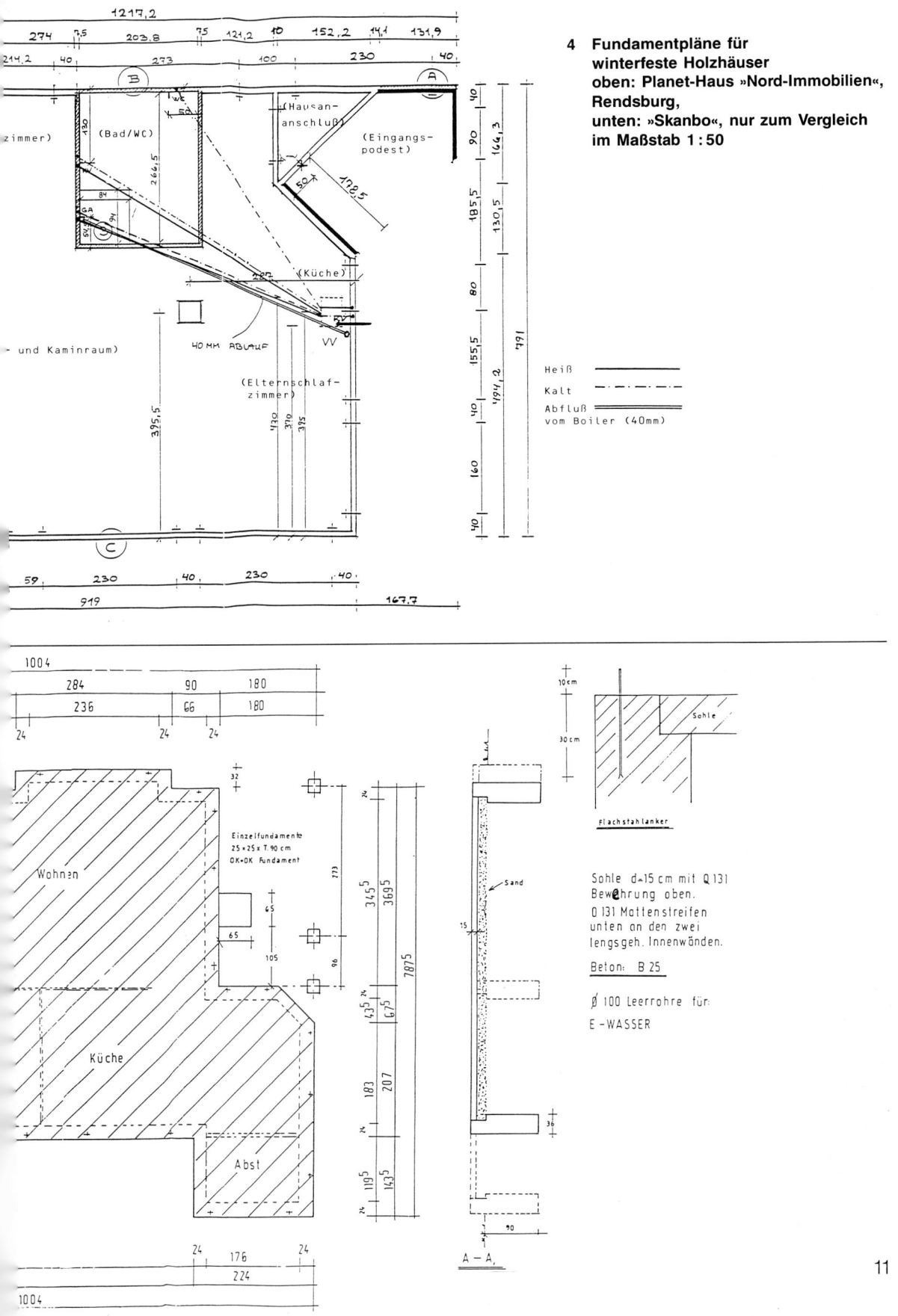

4 Fundamentpläne für winterfeste Holzhäuser
oben: Planet-Haus »Nord-Immobilien«, Rendsburg,
unten: »Skanbo«, nur zum Vergleich im Maßstab 1:50

(zimmer)   (Bad/WC)   (Hausan-anschluß)   (Eingangs-podest)

(Küche)

- und Kaminraum)   40 MM ABLAUF   VV

(Elternschlaf-zimmer)

Heiß
Kalt
Abfluß
vom Boiler (40mm)

Wohnen

Einzelfundamente
25 × 25 × T. 90 cm
OK = OK Fundament

Küche

Abst

Sand

Flachstahlanker

Sohle

Sohle d = 15 cm mit Q 131
Bewehrung oben.
Q 131 Mattenstreifen
unten an den zwei
lengsgeh. Innenwänden.

Beton: B 25

Ø 100 Leerrohre für:
E - WASSER

A — A

11

● *Fundament einmessen (Bauabsteckung)*

Die wichtigsten Ausgangspunkte für das Einmessen des Fundaments sind die *Grenzsteine* und das *Höhenniveau der Straße.*

Die Absteckung der Fundamenteckpunkte erfordert folgende Arbeitsgänge:

Festlegen der Bezugslinie
(Absteckungsachse)

Einmessen der ersten Fundamentlinie
(Baulinie)

Austragen von rechten Winkeln
(Winkelschlag)

Festlegen der verbleibenden Fundament-
linien

Rechtwinkligkeit mit Diagonalmessung
überprüfen und

Eckpunkte mit Pflöcken maßgenau
markieren

Mindestgrenzabstände nochmals
überprüfen

Schnurgerüste an jeder Fundamentecke
aufstellen

Höhen einmessen und am Schnurgerüst
markieren (Oberkante Fertig-Fußboden/OFF
oder Oberkante Fundament/OKF)

Die praktische Arbeit der Bauabsteckung beginnt damit, die Angaben im Lage- und Bauabsteckungsplan nochmals zu überprüfen (Grenzsteine, Mindestgrenzabstände), um danach die *Bezugslinie* (Absteckungsachse) festzulegen, von der aus die *erste Fundamentlinie* (Baulinie) mit dem Maßband eingemessen wird.

Wie erwähnt, kann die Bezugslinie die Straßenkante, Straßen-(Mittel)Achse oder Grundstücksgrenze sein. In der Regel wird die Grundstücksgrenze als Absteckungsachse zum Einmessen der Fundamenteckpunkte benutzt, die durch Grenzsteine gekennzeichnet sind.

Ein wichtiger Hinweis:
Lassen Sie sich vor dem Einmessen unbedingt die Grenzsteine vom Architekten oder Vermessungsamt zeigen!

Diese Absteckungsachse wird mit einer straff gezogenen Schnur markiert. Auf dieser Bezugslinie mißt man nun von einer Grundstücksgrenze aus den ersten Hilfspunkt: einen parallel verschobenen Fundamentpunkt, wie er im Bauabsteckungsplan festgelegt ist. Von diesem, mit einem Pflock markierten Punkt, wird nun der zweite Hilfspunkt eingemessen. Das Zwischenmaß beider Punkte auf der Absteckungsachse entspricht – parallel verschoben – der Länge oder Breite des Fundaments; man spricht hier auch von der *Baulinie.*

Von diesen Hilfspunkten ist nun der *Mindestgrenz-Abstand* im rechten Winkel einzumessen (Winkelschlag). Da in der Regel kein optisches Winkelmeßgerät zur Verfügung steht, bedient man sich auf dem Baugelände einer einfachen Winkelschlagmethode, die auf dem Lehrsatz des Pythagoras beruht: Danach entsteht immer dann ein rechter Winkel, wenn die Seiten eines rechtwinkligen Dreiecks im Verhältnis 3 : 4 : 5 eingemessen sind (s. Abb. 5).

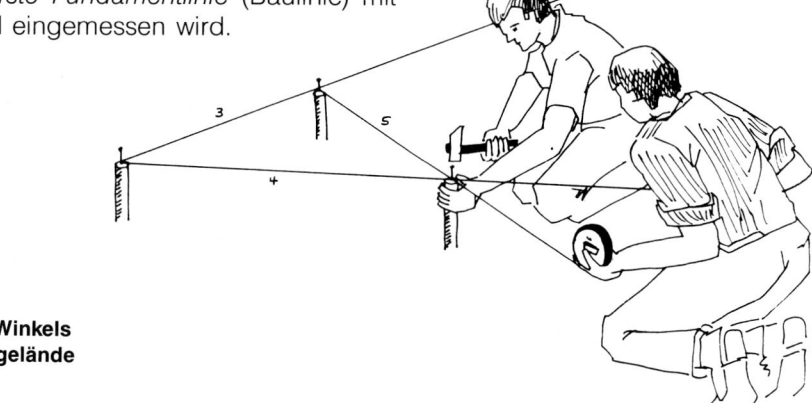

**5 Ermittlung
des rechten Winkels
auf dem Baugelände**

Praktisch gehen Sie wie folgt vor:

Zuerst markieren Sie von dem ersten Hilfspunkt auf der Absteckungsachse einen Dreimeterpunkt.

Danach messen Sie im rechten Winkel zur Absteckungsachse vom Hilfspunkt aus vier Meter ab: Diesen Abstand eventuell als kleinen Kreisbogen markieren oder mit der Schnur halten.

Abschließend führen Sie von dem Drei-Meter-Punkt das Maßband mit der Fünf-Meter-Markierung auf den Vier-Meter-Punkt. Der Schnittpunkt beider Längen ergibt die rechtwinklige Fluchtlinie auf der der Mindestgrenz-Abstand abgetragen und mit einem Pflock zentimetergenau markiert wird. Diese Genauigkeit wird erreicht, weil im Hirnholz des Pflockes ein Nagel eingeschlagen ist, mit dessen Hilfe sehr genau eingemessen werden kann.

Dieser Arbeitsgang wird am zweiten Hilfspunkt auf der Absteckungsachse wiederholt. Bei maßgleichem Mindestgrenz-Abstand entsteht dann ein Rechteck, dessen Winkelgenauigkeit ebenfalls nach dem 3:4:5-Prinzip kontrolliert wird: Die Diagonalen zwischen den Hilfspunkten auf der Absteckungsachse und den beiden ersten Fundamentpunkten auf der Baulinie müssen gleich lang sein.
Ausgehend von den ersten beiden Fundamentpunkten lassen sich nun mit dieser Winkelschlag-Methode die fehlenden Eckpunkte des Fundaments genau einmessen. Auch hier müssen die Diagonalen auf den halben Zentimeter genau gleich lang sein!
Abschließend vergleichen Sie alle Außenmaße mit den Angaben im Fundamentplan.

● *Schnurgerüst aufstellen*

Nachdem alle Fundamentecken im Baugelände durch Pflöcke festgelegt und mit straff gezogenen Schnüren verbunden sind, müssen diese Punkte vor den Ausschachtungsarbeiten außerhalb des Fundamentes gesichert werden. Hierfür ist an jedem Fundamenteckpunkt ein Schnurgerüst aufzustellen. Ein Schnurgerüst besteht aus zwei, drei oder vier *Schnurböcken* (Rundhölzer oder Dachlatten), die im Abstand von 60 bis 100 cm vom Eckpunkt senkrecht in den Boden geschlagen werden.
An die Schnurböcke befestigen Sie waagerecht *Schnurgerüstbretter* in gleicher Höhe (bei nur zwei Böcken reicht ein Brett). Da die Oberkante der Schnurgerüstbretter, an die später die Fluchtschnüre der Fundamentaußenkanten befestigt werden, gleichzeitig eine bestimmte Höhenmarkierung angibt – zum Beispiel die Oberkante Fertig-Fußboden (OFF) oder die Oberkante Fundament (OKF) –, müssen Sie vor dem Befestigen der Bretter eine Höhenmessung durchführen.

● *Höhenmessung*

Wie wichtig diese Höhenmessung ist, mag der Hinweis verdeutlichen, daß alle unter dem Fundament frostfrei zu verlegenden Abflußrohre genügend Gefälle (0,5 bis 1,0 %) zum Abwasserkanal der Straße haben müssen. Das gilt auch für die Klärgrubenentsorgung, wo ausreichend Gefälle für Zulauf und Nachklärung vorhanden sein muß. Wenn diese örtlichen Gegebenheiten bereits in der Bauplanung ignoriert werden, kann es passieren, daß das Baugelände soweit aufgeschüttet werden muß, bis das notwendige Höhenniveau erreicht ist.
Da die Oberkante Fundament (beziehungsweise Oberkante Fertig-Fußboden) von diesem Höhenniveau abhängt, werden die Schnurgerüstbretter nach der Oberkante der Straße eingemessen. Als *Höhenbezugspunkt* nimmt man die Deckeloberkante eines nahegelegenen Straßensiels (Röhrenleitung für Abwässer), der mit »Oberkante Straße ± 0,00« bezeichnet wird. Bevor diese Höhe mit dem Nivelliergerät oder der Schlauchwaage auf die Schnurgerüstbretter übertragen wird, ist im Schmutzwasserkanal-Schacht der Abstand zwischen Oberkante (OK) Straße (≙ Deckel) und Unterkante (UK) Abflußrohr (Sohle) – das ist der untere Punkt des Einlaufs – zu messen.
Mit Hilfe dieses Maßes und der Entfernung zwischen Schmutzwassereinlauf (im Siel) und Abflußrohrstutzen im künftigen Fundament, kann der Entwässerungsplan (s. Abb. 6) angefertigt werden, wobei ein Gefälle von 0,5 bis 1,0 % einzuhalten ist. Da die Abwassergrundleitung frostfrei und unterhalb des Fundaments zu verlegen ist, kön-

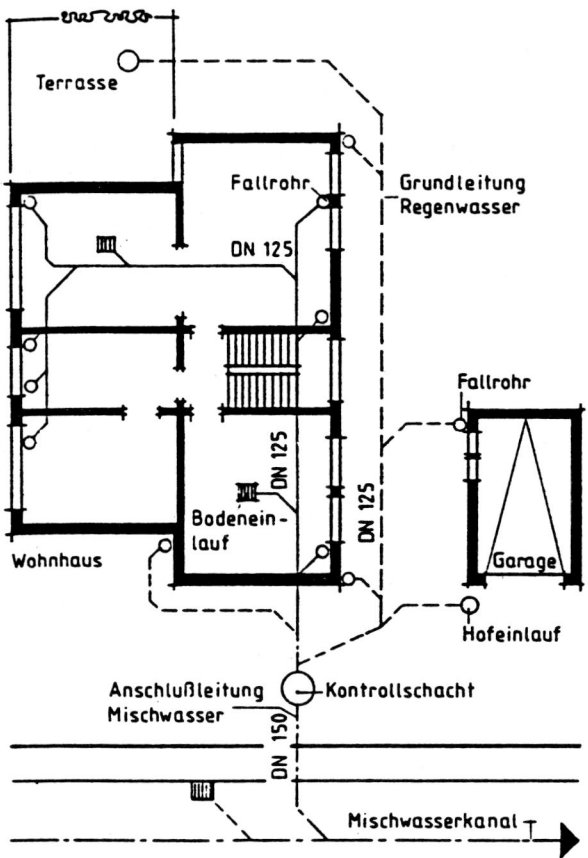

6 Schematische Darstellung eines Entwässerungsplanes (Mischverfahren)
(aus: H. Nestle, Bautechnik, 2. Aufl. 1991, S. 59)

nen die Fundamentsohle und -oberkante in einer Schnittzeichnung (Entwässerungsplan) zentimetergenau festgelegt werden.

Deshalb wird in der Baubeschreibung, die Bestandteil des Bauantrags ist, die Sockelhöhe des Fundaments »über Gelände« in Zentimetern angegeben.

Für die Höhenübertragung von Oberkante Straße zu den Schnurgerüstbrettern wird normalerweise ein *Nivelliergerät* benutzt. Falls dieses Gerät nicht zur Verfügung steht, kann der Nullpunkt von der Straße auch mit einer entsprechend langen *Schlauchwaage* auf alle Schnurgerüstbretter übertragen werden.

Als Schlauchwaage eignet sich ein durchsichtiger Plastikschlauch (∅ 10 mm), den Sie in jedem Baumarkt erhalten. Zum blasenfreien Füllen halten Sie ein Schlauchende in einen mit Wasser gefüllten Eimer, der einen Meter hoch gestellt

wird. Gleichzeitig saugen Sie am anderen Ende das Wasser an. Lassen Sie das Wasser solange durchlaufen, bis es blasenfrei ist; beide Öffnungen mit Korken verschließen.

Bei der Höhenmessung gehen Sie wie folgt vor:

Schlauchwaage blasenfrei mit Wasser füllen, an den Enden etwa 30 bis 50 cm entleeren und mit Korken abdichten. (So ist die Schlauchwaage transportfähig.)

Auf dem Straßendeckel stehend, hält eine Hilfsperson eine Latte mit einer *Ein-Meter-Höhenmarke* senkrecht. An diesen Ein-Meter-Punkt wird nun der Wasserspiegel eines Schlauchendes herangeführt.

Das andere Schlauchende hält die zweite Person an eine neben dem Schnurgerüst in den Boden geschlagene unmarkierte Latte.

Nachdem beide Korken entfernt sind, pendeln sich die Wasserspiegel auf die gleiche Höhe ein.

Am Straßendeckel-Standort wird nun der Wasserspiegel an die Ein-Meter-Höhenmarke deckungsgleich herangeführt. Zeitgleich wird an der Hilfslatte – neben dem Schnurgerüst – der eingependelte Wasserspiegel der Schlauchwaage deutlich markiert *(Ein-Meter-Punkt)*.

Von dieser Markierung mißt man nun 100 cm nach unten und überträgt diesen *Null-Punkt* des Straßendeckels auf einen der Schnurgerüstpflöcke (Höhenriß).

Diese Höhenübertragung wird an den restlichen Schnurgerüstpflöcken wiederholt.

Soll die Oberkante Straße zugleich Oberkante Fundament sein, kann nun mit der Wasserwaage der Höhenriß auf die nebenstehenden Schnurgerüstpflöcke übertragen werden.

Jetzt können die Schnurgerüstbretter mit der Oberkante deckungsgleich zu den Höhenrißmarkierungen an den Schnurgerüstpflöcken waagerecht befestigt werden.

7   Schnurgerüst ohne Fluchtschnüre

8   Schnurgerüst mit Fluchtschnüren

9   Schnurgerüst zum Einmessen
    von Punktfundamenten

In Verlängerung der eingemessenen Fundament-
linien, die noch auf dem Baugelände vorhanden
sind, werden auf den sich gegenüberstehenden
Schnurgerüstbrettern Nägel eingeschlagen und
mit einer straffgezogenen Maurerschnur verbunden.
Wiederholen Sie diesen Vorgang, bis alle Fundamentaußenkanten durch Fluchtschnüre gekenn-

zeichnet sind. Das entstandene Rechteck (oder
Quadrat) wird abschließend mit Hilfe der *Winkelschlag-Methode* (Diagonalmessung) nochmals
auf seine Rechtwinkligkeit überprüft.
Nach Abschluß der Schnurgerüstarbeiten werden die Fundamentpflöcke und die Fluchtschnüre entfernt, damit der Boden ausgehoben
werden kann.

10   Eingemessene Fundamentlinie
     auf das Schnurgerüst übertragen

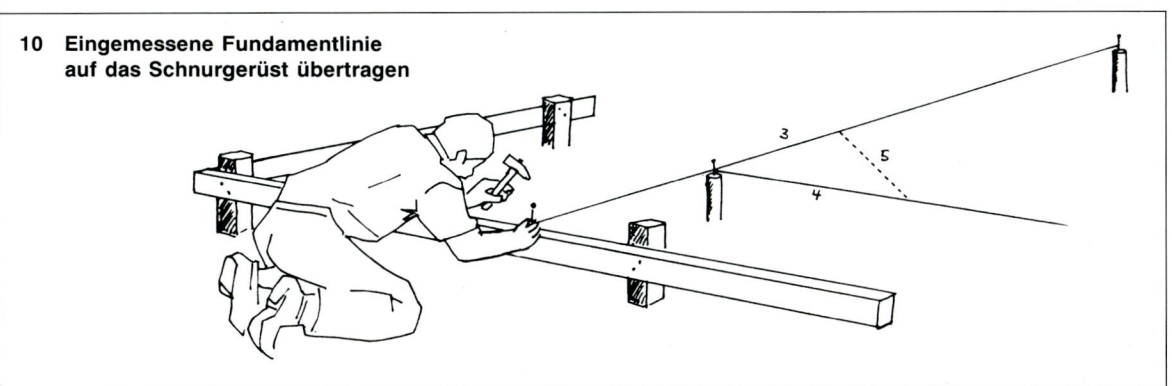

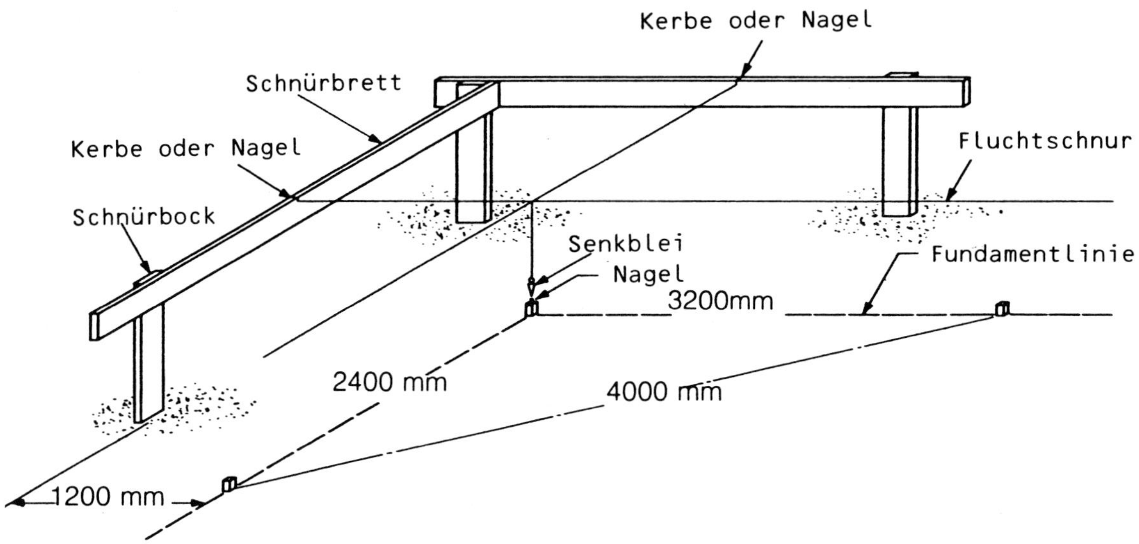

Kerbe oder Nagel

Schnürbrett

Kerbe oder Nagel

Fluchtschnur

Schnürbock

Senkblei

Nagel

Fundamentlinie

3200mm

2400 mm

4000 mm

1200 mm

11   Schnurgerüst und Fluchtschnüre

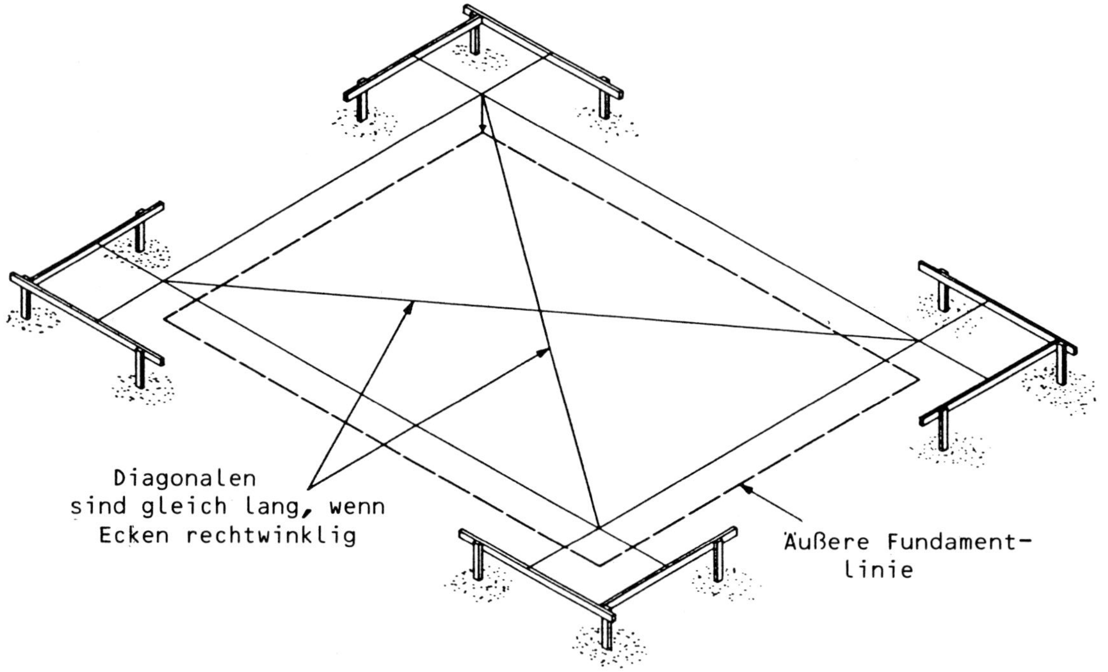

Diagonalen
sind gleich lang, wenn
Ecken rechtwinklig

Äußere Fundament-
linie

**12   Schnurgerüste zum Einmessen
des Fundaments**

Fundamentausführung

● *Bodenaushub und Streifenfundamente*

Vor dem Aushub der Streifenfundamente (Fundamentgräben) ist der Mutterboden zu entfernen und gesondert zu lagern. Die Baufläche sollte einigermaßen waagerecht eingeebnet sein.
Unabhängig davon, ob die Fundamentgräben von Hand oder maschinell ausgehoben werden, empfiehlt es sich, die Fluchtschnüre nochmal zu spannen, um die Fundamentstreifen auf der Baufläche zu markieren.

Wie aus den Fundamentplänen (s. Abb. 3) ersichtlich, sind die Gräben auf eine frostfreie Tiefe von 90 cm auszuheben. Die Fundamentbreite (30 oder 36 cm) ist zwar für ein Ferienhaus statisch richtig, wird aber in der Praxis breiter ausgehoben, um für das Sockelmauerwerk genügend Auflagefläche zu haben. Der Fachmann spricht hier von einem beidseitigen Versatz von etwa 5 cm.
Vor Abschluß der Ausschachtungsarbeiten prüfen Sie die Fundamenttiefe nach. Danach die Gräben mit Beton (B25) auffüllen und höhengleich abziehen. Eine Bewehrung ist nicht erforderlich.

● *Sockel und Sohlplatte*

Einen Tag nach dem Schütten der Streifenfundamente kann die Fundamentoberkante gemauert werden. In unserem Ferienhausbeispiel wurde der Fundamentstreifen mit einer Tiefe von 90 cm (ab Geländeoberkante) durch umlaufende Beton-Fundamentsteine abgeschlossen, auf die ein Sockel aus Leca-Blocksteinen (10×19 cm) gemauert wurde. Die Oberkante des Sockels entspricht dem eingemessenen Höhenriß am Schnurgerüst (OFF = Oberkante Fertig-Fußboden). Aufgrund dieser Fluchtlinie (und Höhe) kann nun die zu mauernde Fluchtlinie für die Fundamentsteine ermittelt werden (Höhenriß ÷ 19 cm + Fuge = 20 cm).

Gemauerter Sockel

Betonsohle 15 cm

Sand/Kies
(kapillarbrechende Schicht

Streifenfundament (36–40cm breit)

**13 Streifenfundament
für ein Ferienhaus**

14 Fundamentstein in Lot und Wasser setzen

15 Fundamentstreifen für die Innenwand

Ausgehend von dem am Schnurgerüst eingemessenen Fundamenteckpunkt werden die
Betonsteine (s. Abb. 14) in erdfeuchtem Zement-
mörtel auf das geschüttete Streifenfundament
gesetzt.

Sobald die Fundamentaußenkanten entlang der
Fluchtschnur gemauert sind, überträgt man die
Schnüre auf die zu mauernden Innenfunda-
mente.

Neben der maßgenauen Einmessung wird bei
rechtwinkligen Mauerarbeiten zusätzlich ein
selbst hergestellter Bauwinkel (s. Abb. 16) zu Hilfe
genommen. Der Bauwinkel wird aus geraden
Brettern nach dem erwähnten *3:4:5-Prinzip* (s.
S. 12) gefertigt. Für kleinere Bauvorhaben haben
sich die Außenmaße 120 cm : 160 cm : 200 cm be-
währt.

Nach Fertigstellung der Fundamentaußenkanten
und Innenfundamente wird die Sockelaufkantung
gemauert, deren Oberkante dem Höhenriß (OFF)
entsprechen muß.

Auch diese Flucht ist unbedingt einzuhalten, da nach Abschluß der Sockelmauerung keine Höhenkorrekturen vorgenommen werden können. Hinzu kommt, daß die Ferienhaus-Montage ein maßgenaues Fundament voraussetzt.

Nach dem Abbinden des Mörtels müssen Sie die Fundament- und Sockelstreifen mit einem Bitumenanstrich gegen Feuchtigkeit schützen.

16 Selbst hergestellter, rechtwinkliger Bauwinkel

17 Gemauerte Fundamentstreifen

18 Einfaches Schnurgerüst für die Sockelmauerung

16

19 20

● *Sohlplatte schütten*

Zu den vorbereitenden Arbeiten, die *vor* dem Schütten der Fundamentsohle auszuführen sind, gehören:

Kabel für Elektrizitätsversorgung und Kommunikation im Erdreich verlegen oder Leerrohre vorsehen;

Wasserversorgungsleitung frostfrei bis Wasseruhr verlegen;

Wasserverteilungsrohre (Küche, Bad/WC, Außenwandanschluß) bis oberhalb Fundamentsohle verlegen;

Schmutzwasserentsorgungsrohre mit Zulauf zum Kontrollschacht oder zur Klärgrube verlegen (gleiches gilt für die hausinternen Abwasserrohre).

Denken Sie daran, daß alle Ver- und Entsorgungsleitungen im Fundamentbereich zentimetergenau nach der Grundrißzeichnung oder dem Fundamentplan anzuordnen sind.

19 Sockel nach Fluchtlinie . . .

20 und in Lot mauern

21 Frostfrei verlegte Entwässerungsrohre
    (⌀ 100 mm)

22 Kapillarbrechende Schicht mit dem Rüttler
    verdichten

23 Auslegen der Feuchtigkeitssperre

24 Verlegen und Verdrahten
    der Baustahlbewehrungsmatten

21

Auf den gewachsenen Boden wird nun die *kapillarbrechende Schicht*, ein Kies-Sand-Gemisch (Körnung 10/18), aufgebracht und mit einem Rüttler verdichtet (s. Abb. 22). Um die Sohle gegen aufsteigende Feuchtigkeit zu schützen, müssen Sie die Kiesschicht mit einer *Feuchtigkeitssperre* (Plastikfolie etwa 0,20 mm) abdecken (s. Abb. 23). Darauf können dann die *Baustahlbewehrungsmatten* (s. Abb. 24) verlegt, zugeschnitten und an den Überlappungen verdrahtet werden (Bewehrungsmatte Q 131).

22

23 ▼   24 ▲

21

Um eine maßgenaue Sohlenstärke einzuhalten, werden von der Sockeloberkante 10 cm nach unten gemessen und die Betonhöhe umlaufend mit Nägeln markiert (s. Abb. 25).

Vor dem Schütten sind noch etwa 30 cm lange *Flachstahlanker* (s. Abb. 26), die unten angewinkelt sind, gemäß den im Fundamentplan angegebenen Punkten in die Kiesschicht zu stecken. Diese Anker müssen so gesetzt werden, daß sie etwa 20 cm aus dem Beton herausragen. Nur so können die Flachstahlanker während der Hausmontage mit den Holzschwellen verbunden werden.

Um das Schütten und Verteilen des sehr flüssig angesetzten Betons (B25) zu erleichtern, verwenden Sie einen selbstgebauten *Betonschieber* (s. Abb. 27, 28).

25

25 **Betonhöhe (Sohlenstärke) mit Nägeln markieren**

26 **Flachstahlanker**
 (nach dem Schütten der Fundamentsohle)

27 **Beton mit dem Schieber verteilen . . .**

28 **und auf gleiche Höhe bringen**

29 **Frisch geschüttete Fundamentplatte**

26   27 ▼

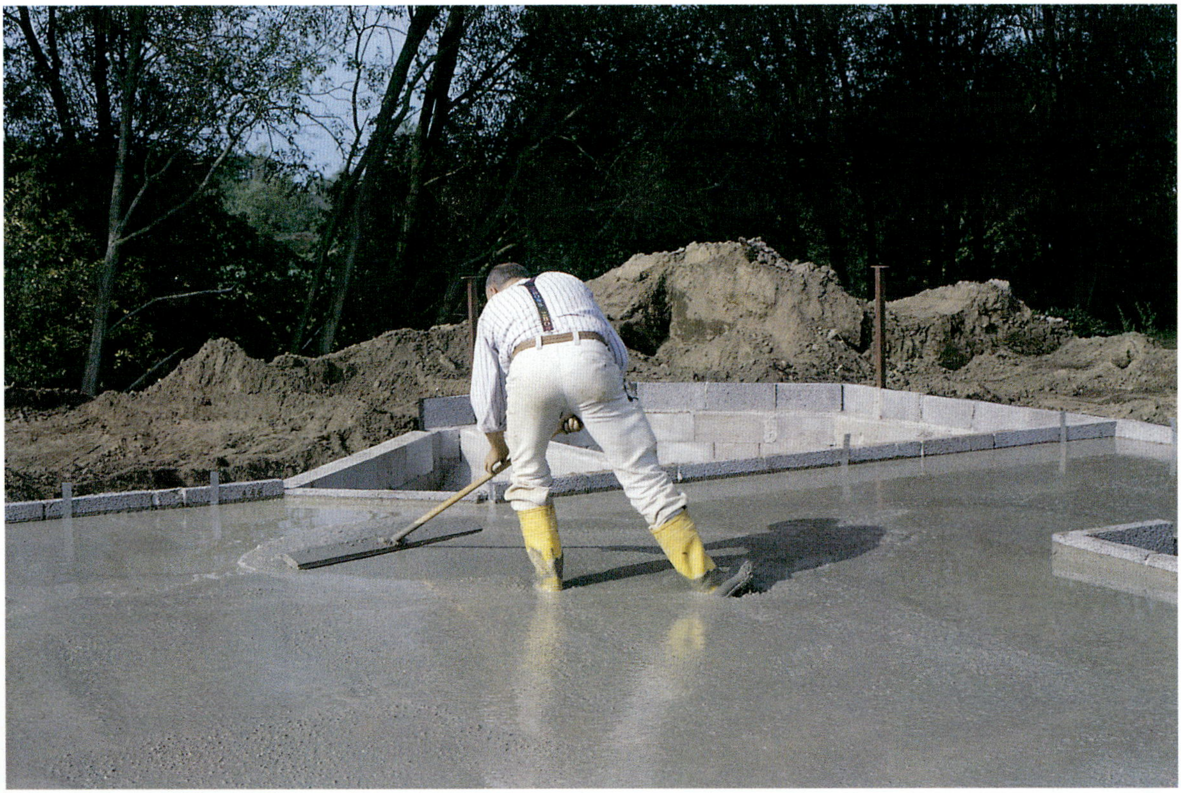

28

29 ▼

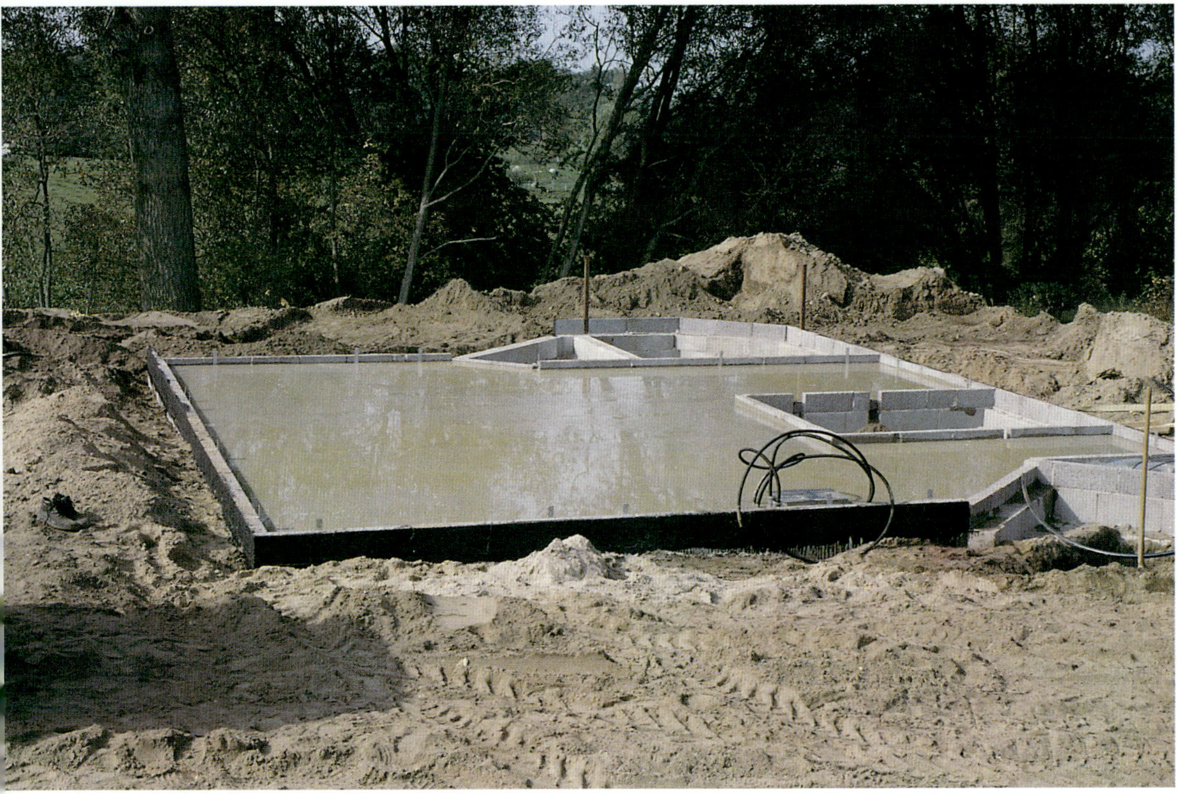

Holzhaus-Montage

Grundsätzliches

Das in diesem Buch beschriebene Holz-(Ferien-) haus – und ein weiteres für ergänzende oder abweichende Konstruktionen – kommt aus dem Land »gemütlicher« Ferienhäuser: aus Dänemark.

»Gemütlichkeit« heißt aber nicht, daß diese Häuser nur im Sommer eine wohnlich-ästhetische Atmosphäre ausstrahlen, sondern daß sie das ganze Jahr über bewohnbar sind; diese Ferienhäuser sind also winterfest!

Sicherlich sind auch einige kritische Punkte anzumerken, auf die aufmerksam gemacht wird. Zunächst ist es aber wichtig, Sie darüber zu informieren, welche Arbeitsabläufe im einzelnen erforderlich sind, um ein Holzhaus auf das bereits ausgeführte Fundament zu montieren.

● *Bauart und Konstruktion*

Abgesehen von Blockhäusern werden Ferienhäuser nach der *Holzrahmenbauweise* (s. Abb. 31) gebaut, die dem traditionellen Fachwerkbau entlehnt ist, aber mit holzsparenden Detailkonstruktionen der nordamerikanischen Leichtbauweise (Timber-Frame-Construction (s. Abb. 32) kombiniert wurde.

Ergänzt wird die Holzrahmenbauweise durch Konstruktionselemente aus dem Holzskelett-Bau, wo überwiegend schichtbrettverleimte, sehr tragfähige Balken eingesetzt werden. Im Ferienhausbau werden sogenannte Leimbinder überwiegend für die Pfettendachkonstruktion verwendet, um die Dachsparren abzufangen. Darüber hinaus wird so eine offene und klare Raumgestal-

tung erreicht. Weitere Informationen dazu finden Sie im Kapitel »Dachstuhl« auf Seite 38).

Typisches Merkmal nordischer Ferienhäuser sind unter anderem die beidseitig mit Holz verschalten Innen- und Außenwände, wobei im Außenbereich überwiegend druckimprägnierte, sägerauhe oder gehobelte Brettware verwendet wird. Die Isolierung der Außenwände mit 100 mm Mineraldämmstoff ist zwar ausreichend, sollte aber einheitlich auf 150 mm erhöht werden. Das gilt ganz besonders für die Dachisolierung, wo die aktuellen Wärmeschutzanforderungen eine derartige Dämmung bedingen.

30

30 **Holz-Fachwerkwand**

31 **Holz-Rahmenbauweise**

32 **Timber-Frame, USA**

31

32 ▼

25

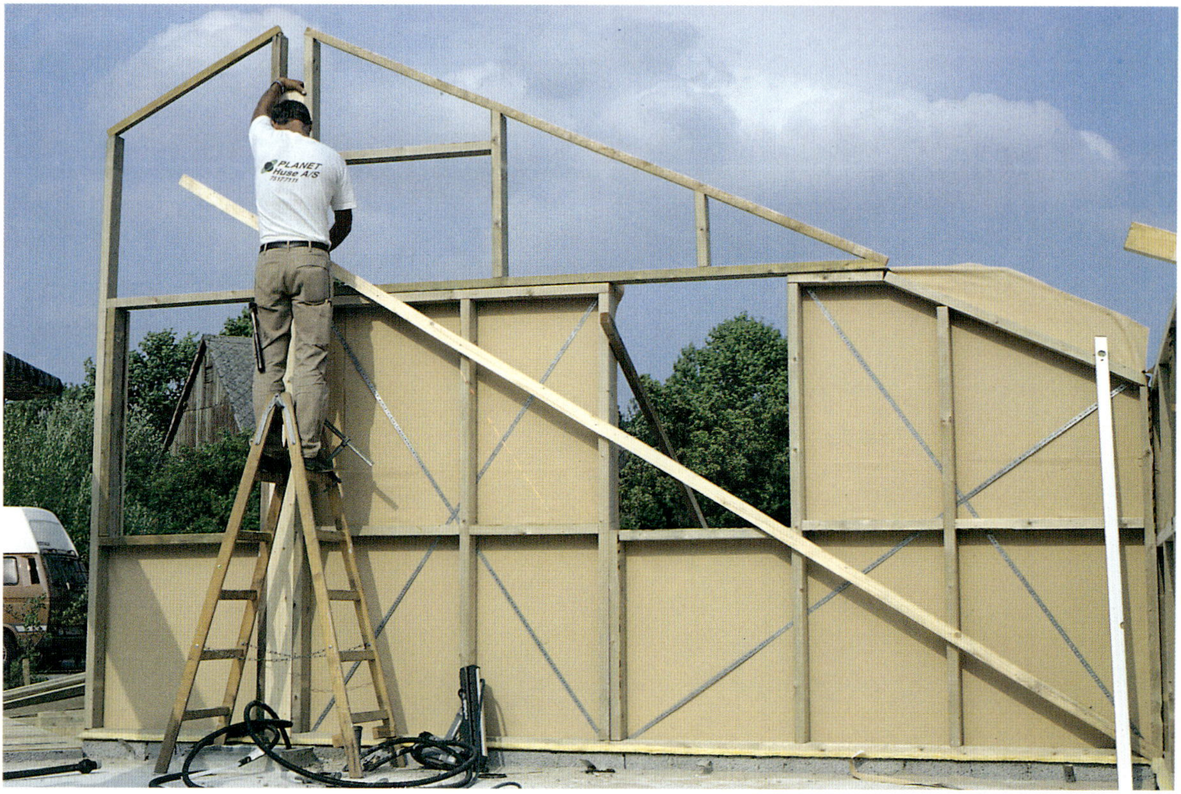
PLANET
Huse A/S

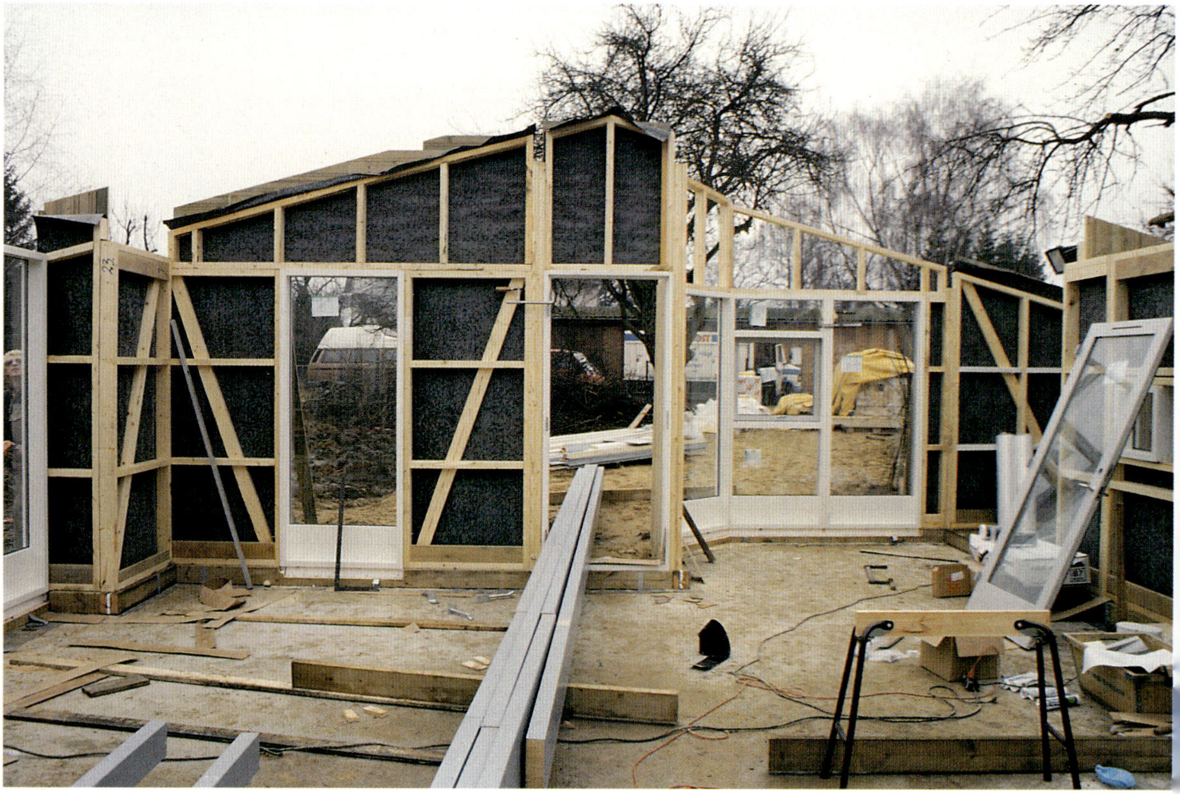

● *Montageerleichtung durch Vorfertigung*

Da es sich bei dem hier näher beschriebenen Holz-(Ferien)-Haus nicht um ein klassisches »Fertighaus« handelt, dessen vormontierte Bauteile mit einem Kran bauseitig bewegt werden müssen, sprechen wir eher von einem *Fertigteile-Haus*, bei dem die Bauteile durch zwei Personen bewegt und montiert werden können.

Das heißt, alle Außenwände und Bauelemente sind werkseitig in einzelne, tragbare Bauteile maßgenau vorgefertigt. Das gilt auch für die exakt zugeschnittenen Dachsparren und die Innenverkleidung.

Aufgrund dieses hohen Vorfertigungsgrades reduziert sich die Bauzeit auf etwa *zehn* Arbeitstage (ohne Fundament).

Montage der Bauteile

Nach Anlieferung der Bauteile und Baumaterialien, die bauseitig nach Montageablauf gelagert werden, kann die Arbeit beginnen.

● *Terrassen- und Eingangspodest*

In unserem Beispiel begann das Zweierteam interessanterweise mit dem Bau der Terrasse und des Eingangspodestes.

Das hat den Vorteil, daß auf diesen beiden Flächen Werkzeuge und Materialien gelagert werden können und weniger Schmutz auf die Fundamentfläche getragen wird.

Die folgenden Abbildungen (Abb. 34–44) zeigen detailliert die einzelnen Arbeitsschritte, die notwendig waren, um die Terrasse und das Eingangspodest zu montieren.

Die Arbeitsabläufe im einzelnen:

Die druckimprägnierten Lagerhölzer auf den Betonstreifen parallel auslegen;

Verbinden durch Nägel der abstandsgleich verlegten Lagerhölzer mit einem an die Sockelmauerung angelegten Stirn(Quer)balken;

Ansägen der Lagerhölzer oberhalb des mittleren Streifenfundaments, um später auftretende Drehungen des Holzes zu vermeiden;

Mit Hilfe einer Wasserwaage und Unterlegplättchen aus Sperrholz werden die Lagerhölzer auf die gleiche Höhe gesetzt (Unterlegplättchen mit Bitumenpappe gegen aufsteigende Feuchtigkeit schützen);

Den zweiten Stirn(Quer)balken im entsprechenden Winkel ablängen und durch Nägel mit den Lagerhölzern verbinden;

Die druckimprägnierten Bretter dicht nebeneinander verlegen (Enden stoßen gegen die Sockelmauerung);

Mit der Handkreissäge die Enden im entsprechenden Winkel sägen (Sockelmauerung dient als Führung);

Nageln der Bretter auf die Lagerhölzer (der Abstand zwischen Brettende und Sockelmauerung sollte 5 mm betragen);

Mit einer Schlagschnur die Brettlänge markieren und den Überstand mit einer Handkreissäge sauber ablängen;

Endbretter an der Sockelmauerung mit dem Fuchsschwanz nachsägen.

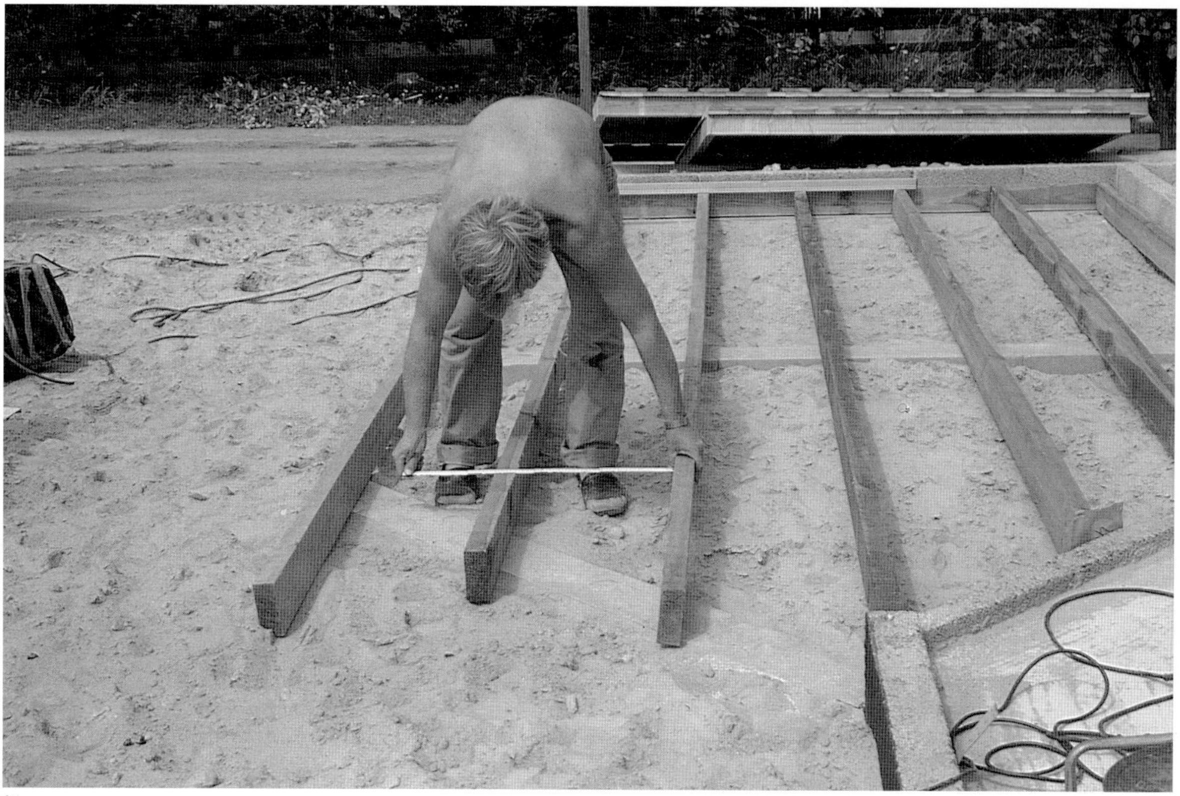

34

35 ▼

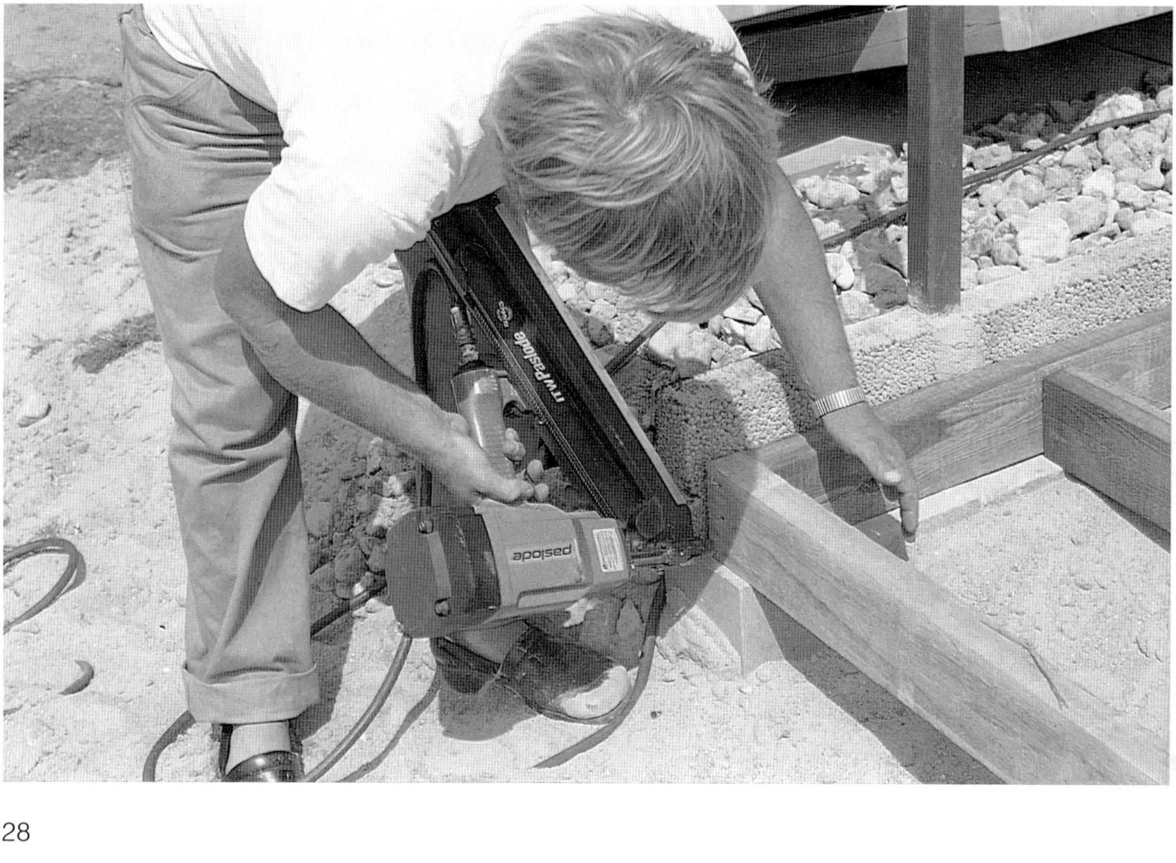

36

37 ▼ 38 ▼

34 Die druckimprägnierten Lagerhölzer auf den Betonstreifen parallel auslegen

35 Lagerhölzer mit einem Querbalken abstandsgleich verbinden

36 Um spätere Drehungen des Holzes zu vermeiden, Lagerhölzer oberhalb des mittleren Streifenfundaments ansägen ...

37 und mit Wasserwaage und Unterlegplättchen (Sperrholz) auf gleiche Höhe setzen; Unterlegplättchen mit Bitumenpappe gegen aufsteigende Feuchtigkeit schützen

38 Zweiten Stirnbalken im entsprechenden Winkel ablängen und mit den Lagerhölzern verbinden

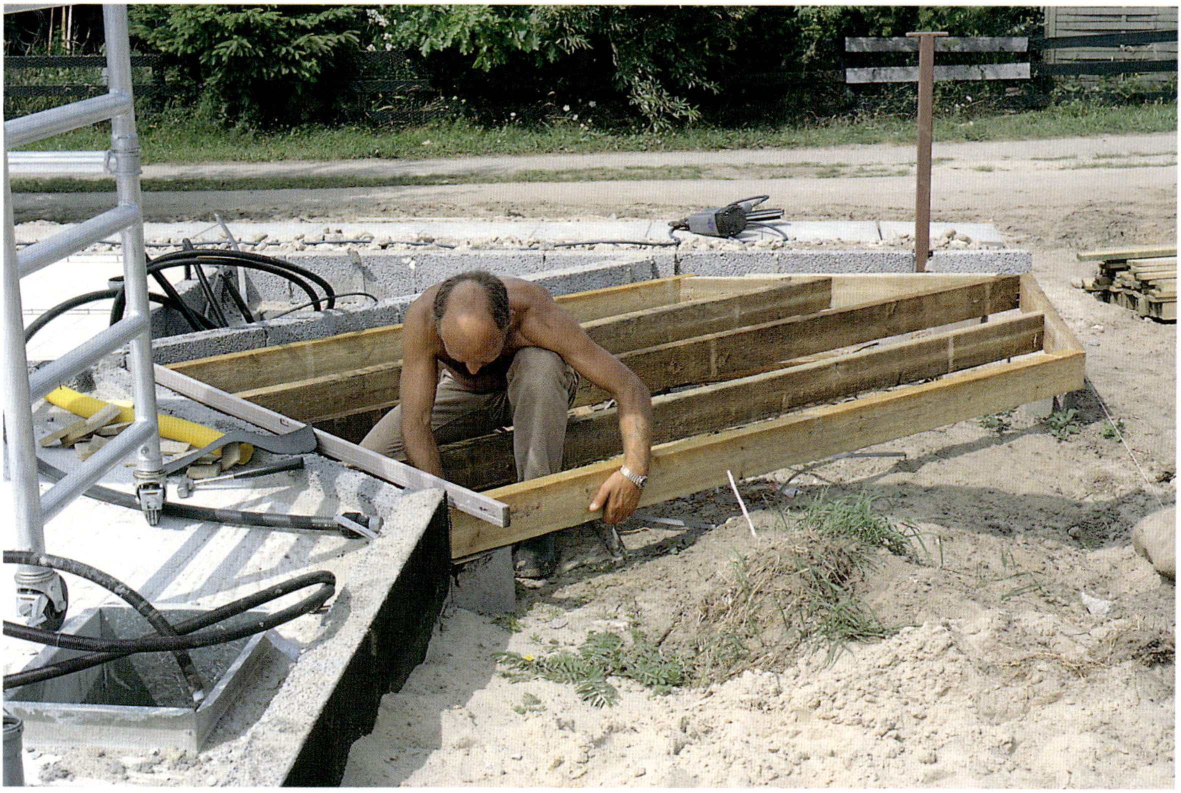

39

40 ▼

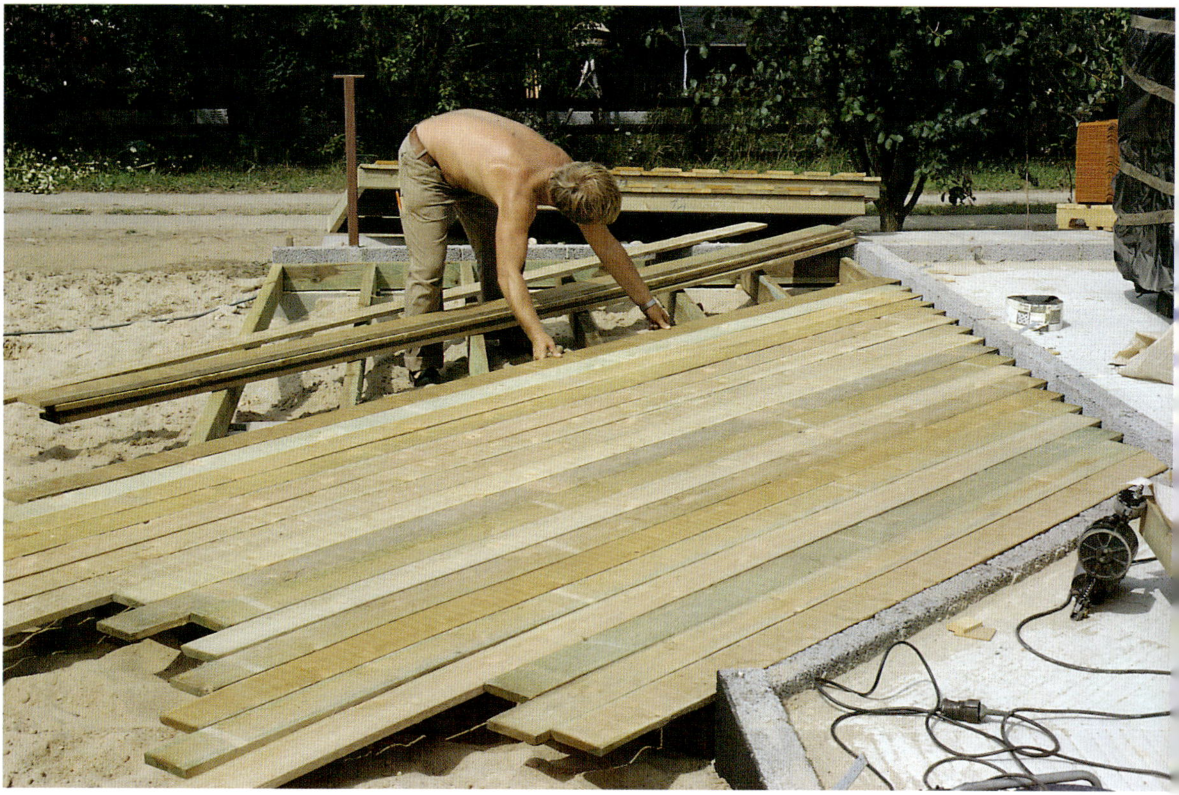

39 Die gleichen Arbeitsgänge wiederholen sich bei den Lagerhölzern für den Eingangsbereich

40 Die druckimprägnierten Bretter – gegen den Sockel stoßend – dicht nebeneinander legen

41 Bretter mit der Handkreissäge im entsprechenden Winkel schneiden

42 Danach die Bretter an den Lagerhölzern mit einem Zwischenraum von 5 mm befestigen

41

42 ▼

43 Überstand vom äußeren Lagerholz messen,
mit der Schlagschnur markieren und mit der
Handkreissäge ablängen

44 Endbretter mit dem Fuchsschwanz nachsägen

● *Außenwand-Montage*

Im Holzhausbau ist es üblich, vor Montagebeginn das fertige Fundament nachzunivellieren, um Höhenunterschiede in der Fläche mit druckfesten Unterlegplättchen auszugleichen, auf die die Holzschwellen verlegt werden.

In unserem Beispiel wurde aber die Auflage für die Außenwände exakt nach dem Höhenriß des Schnurgerüsts gemauert. Diese präzise Vorarbeit erleichtert die Wandmontage erheblich, da eine Nachnivellierung entfällt.

Zu den vorbereitenden Arbeiten der Außenwandmontage gehören:

Die Sockelfläche mit einem schmalen Bitumenstreifen gegen aufsteigende Feuchtigkeit absperren; mit Dachpappnägeln befestigen;

Auf die Feuchtigkeitssperre wird ein Mineralwollestreifen ausgelegt und ebenfalls mit Dachpappnägeln fixiert. Dieser »Dämmstreifen« schließt den Zwischenraum zwischen Sockel und Schwellenbalken (Wand) winddicht ab.

45 Feuchtigkeitssperre auf dem Sockel befestigen

46 Mineralwollestreifen als Dichtungsband verlegen

47

48 ▼

49 ▼

Erst danach kann mit der Wandmontage begonnen werden, die aus Gründen der Standsicherheit an einem Eckpunkt des Hauses beginnt (s. Abb. 47).

In der Abbildung 48 ist zu erkennen, wie das Dichtungsband (Mineralwollestreifen) zusammengepreßt wird. Das Aufsetzen des Wandteils wird dadurch erleichtert, weil die überstehende Außenverschalung – Kriech- und Deckerschalung – (links im Bild zu sehen) direkt an die Sockelkante gedrückt wird. Rechts im Bild ist der Flachstahlanker zu erkennen, der später mit dem Schwellenbalken verbunden wird.

Das zweite Eckteil kann nun stramm gegen das Wandelement gesetzt und innen festgenagelt werden (s. Abb. 49).

Auf der Abbildung 50 ist zu erkennen, wie einfach ein Wandelement auf den Sockel gesetzt wird. Außerdem ist die Holzrahmenkonstruktion der einzelnen Elemente deutlich zu sehen, die erst zu einem späteren Zeitpunkt mit Isoliermaterial ausgefacht wird.

Die mechanische Verbindung der einzelnen Wandteile wurde mit einem Nagelschußgerät (s. Abb. 51) ausgeführt; so können Sie die Montagezeit reduzieren. Natürlich können Sie aber auch

47 **Aufstellen eines Wandeckteils, das mit einer Wasserwaage eingelotet und mit einer Dachlatte senkrecht gehalten wird**

48 **Unteres Wandeckteil und Sockel**

49 **Ansetzen des zweiten Wandeckteils**

50 **Aufsetzen eines weiteren Wandteils**

50

ganz »konventionell« mit Nägeln und Hammer die einzelnen Teile verbinden.

Für den offenen, teilweise überdachten Terrassenbereich wurde ein Wandelement montiert, dessen Rahmenkonstruktion durch diagonal verspannte *Windrispenbänder* verstärkt wurde (s. Abb. 52).

In der Abbildung 53 ist ein sehr wichtiges Detail erkennbar: Die nach unten offene Außenwandverkleidung (Kriech- und Deckerschalung) ist mit kleinen Brettstücken geschlossen. So wird verhindert, daß Kleintiere in das Wandinnere gelangen. Die Außenwandmontage wird ergänzt durch den Einbau wandhoher Fensterelemente (s. Abb. 54), die mit dem Wandteil verschraubt oder genagelt werden.

51 **Wandelemente mit Nägeln verbinden (Nagelschußgerät)**

52 **Mit einem Windrispenband verstärktes Terrassenwandelement**

53 **Mit Brettstücken geschlossener Zwischenraum zwischen der Kriecherschalung**

54 **Einbau des Fensterelements**

51 ▲

52

36

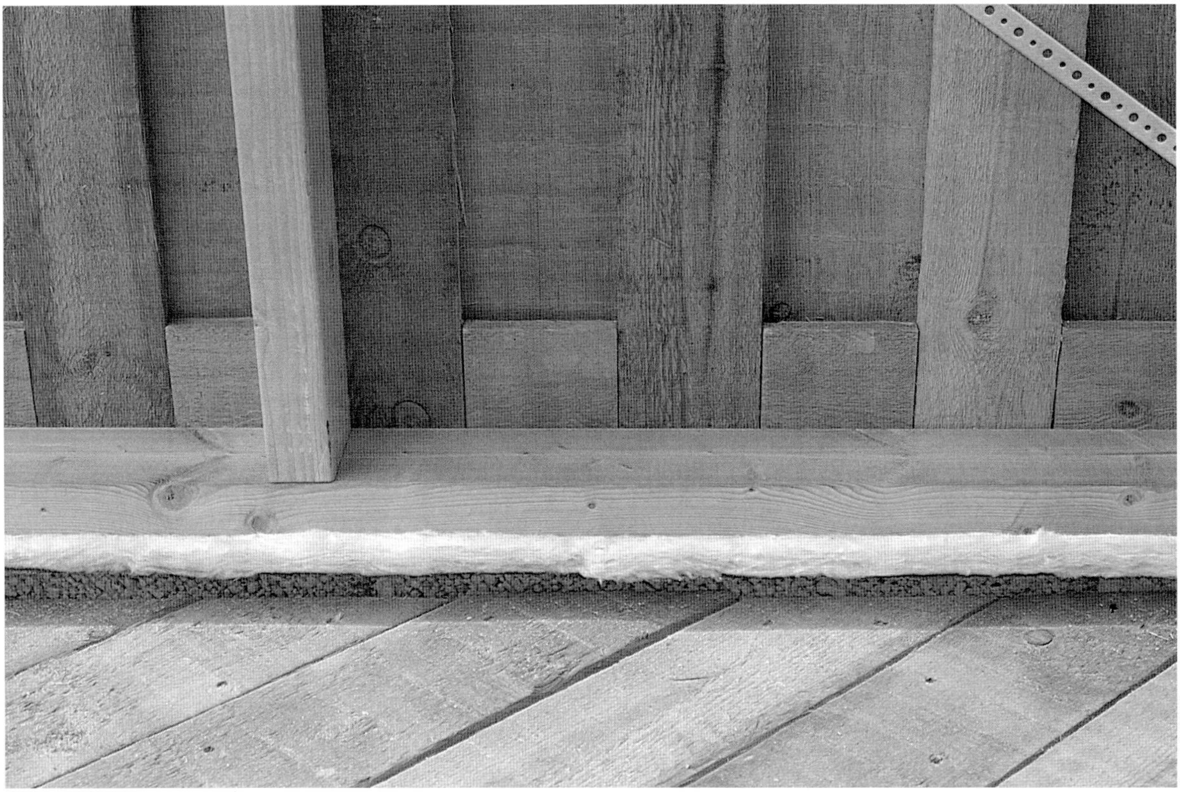

53

54 ▼

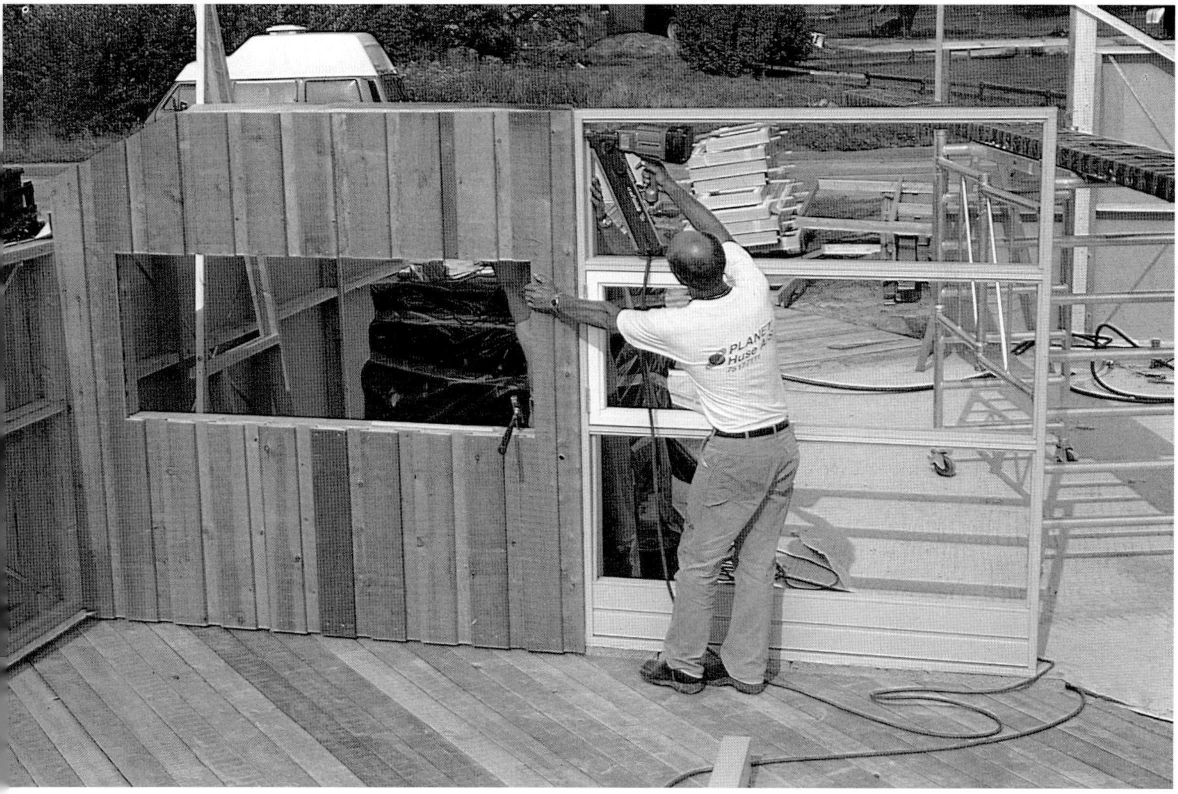

● *Dachstuhl-Montage*

Es wurde bereits darauf hingewiesen, daß es sich bei der Dachkonstruktion um ein sogenanntes *Pfettendach* handelt, bei dem die Dachsparren im Firstbereich auf einem oder zwei durchlaufenden Längsbalken (Pfetten) liegen (s. auch Abb. 62, 63). In unserem Holzhaus-Beispiel liegen die Sparren auf einer Firstpfette auf, die an den Giebelseiten durch Pfosten getragen wird. Deshalb wird zunächst im Terrassenbereich ein Pfosten mit dem Fensterelement verschraubt und die fehlende Giebelkonstruktion ergänzt (s. Abb. 55).
Um zu verhindern, daß der Pfosten durch die Last der Firstpfette abkippt, ist der Träger mit einer Dachlatte zu sichern (s. Abb. 56).
Den gleichen Arbeitsgang wiederholen Sie auf der gegenüberliegenden Giebelseite (s. Abb. 57). Nach dem Ausrichten der Pfettenträger wird die Leimholz-Firstpfette für die Montage vorbereitet. Hierfür wird der Balken zunächst in Firstnähe auf ein Fahrgerüst gelegt (s. Abb. 58), um die Sparrenabstände anzureißen (s. Abb. 59), an deren Rißlinien Winkelverbinder genagelt werden (s. Abb. 60).

Abschließend wird die Firstpfette auf die Pfosten gesetzt (s. Abb. 61, 62), wobei das Fahrgerüst diesen Arbeitsgang erheblich erleichtert.
Im Vergleich zur Firstpfetten-Dachkonstruktion zeigt die folgende Abbildung eine sogenannte Mittelpfetten-Konstruktion (s. Abb. 63) eines Ferienhauses (Skanbo).
Die für die Endmontage zugeschnittenen Dachsparren mit freigesägten Auflageflächen (»Kerven«) werden jetzt innerhalb des »Hauses« gegen die Firstpfette gestellt (s. Abb. 64).

55 **Einbau des Firstpfettenträgers**

56 **Firstpfettenträger mit einer Dachlatte (und Bremsklotz) sichern**

57 **Montage des zweiten Pfettenträgers**

58 **Firstpfette auf das Fahrgerüst ablegen**

55

56

57

58 ▼

59

60 ▼ 61 ▼

62

63 ▼

59 Sparrenabstände anreißen . . .

60 und Winkelverbinder mit Kammnägeln befestigen

61 Firstpfette auf Pfosten setzen

62 Firstpfette liegt unbefestigt auf den Pfosten

63 Ansicht einer Mittelpfetten-Dachkonstruktion
(zum Vergleich)

64

65 ▼   66 ▼

42

Im nächsten Arbeitsgang wird der äußerste Sparren, der sogenannte *Giebelsparren,* auf die Außenwand gelegt, gegen die Holzschalung gedrückt und mit verzinkten Nägeln (100 mm) befestigt (s. Abb. 65). Von diesem unteren Punkt aus läßt sich der Sparren auf die Giebelkonstruktion ausrichten und befestigen, so daß die Firstpfette millimetergenau auf Stand »geschlagen« werden kann (s. Abb. 66). Die Standgenauigkeit der Firstpfette ist Voraussetzung für das Ausrichten und Abnageln der restlichen Sparren. Erheblich erleichtert wird diese Montage, wenn die

64 Ausgelegte Dachsparren

65 Giebelsparren mit verzinkten Nägeln befestigen

66 Firstpfette »auf Stand schlagen«, bis Sparrenkante und Sparrenriß deckungsgleich sind

67 Sparrenmontage auf dem äußeren Ringbalken (Skanbo, zum Vergleich)

68 Sparrenauflage an der Außenwand anreißen ...

69 ... mit der Stichsäge freisägen ...

67   68 ▲   69 ▼

Außenwände mit einem *Ringbalken* versehen sind, wie in der Abbildung 67 zu erkennen ist.

In unserem Beispiel wurde auf einen Ringbalken verzichtet, weil die Sparren im Wandbereich durch senkrechte Rahmenhölzer oder querliegende Leimbinder abgefangen werden. Hinzu kommt, daß die Außenverkleidung direkt am Sparrenkopf anliegt. Deshalb muß die Außenverkleidung eingeschnitten werden (s. Abb. 68, 69, 70).

Erst danach können die Sparrenpaare, die auf der Firstpfette aufliegen, mit *Winkelverbinder* und *Kammnägeln* befestigt werden (s. Abb. 71).

In dieser Bauphase sind alle Sparren an den Außenwänden und der Firstpfette befestigt, so daß mit dem Ausrichten der tragenden Bauteile (Wände und Pfosten) begonnen werden kann. Mit der Wasserwaage werden die noch nicht im Sockel befestigten Wände an jedem Sparrenauflagepunkt auf Lot überprüft und durch leichtes Verrücken der Wand auf dem Sockel korrigiert (s. Abb. 73). Um aber auch die Außenwände in ihrer gesamten Länge gerade einzufluchten, wird innen eine Schnur gespannt (s. Abb. 74), die an beiden Enden um Zollstockbreite absteht. Auf-

70   **und den Sparren auflegen und befestigen**

71   **Sparrenverbindung auf der Firstpfette**

72   **Genagelte Sparren des Firstpfettendachs**

73   **Das Lot der Außenwand an jedem Auflagepunkt überprüfen**

70

71 ▲

73 ▲

72 ▼

grund dieses Abstandes läßt sich die Wand einheitlich auf dieses »Maß« korrigieren und am Sockel standsicher befestigen. Hierfür eignen sich verzinkte Nägel (100 mm), die durch die Schwelle in den Sockel geschlagen werden.

Anschließend werden die Firstpfettenträger auf ihren senkrechten Stand überprüft, mit einem Hammer korrigiert, an die Pfette genagelt und auf dem Fundament mit Winkelverbindern und Schwerlastdübel verankert.

Nach Abschluß dieser Arbeiten erfolgt der Einbau der giebelseitigen Wandelemente, die mit dem Pfosten und den Sparren vernagelt werden. Auch hier ist darauf zu achten, daß das Dichtungsband (Mineralwollestreifen, befestigt mit Dachpappnägeln) vorher verlegt wurde.

75 ▲

74 Gespannte Schnur zum Einfluchten der Außenwände

75 Außenwand nach dem Einfluchten mit dem Sockel standfest verbinden

76 Standkorrektur eines Pfettenträgers mit einem Hammer

76 ▼

74

77 ▲   79 ▼

78 ▲

● *Abschluß der Außenwand-Montage*

Bevor mit den Vorbereitungen für die Dacheindeckung begonnen werden kann, sind die
Außenwände zu komplettieren. Aufgrund der Vorfertigung ist zwischen den einzelnen Wandteilen
die Deckelschalung zu ergänzen und das zwischen den Sparren liegende Stirnbrett (Anschlag-
brett für die Dämmung) zu befestigen.
Vorher ist aber die *gewebeverstärkte Windsperre*
überlappend festzutackern (s. Abb. 79).

77 **Einbau des Eingangselements**

78 **Montage des Terrassenelementes**

79 **Windsperre überlappend verlegen
     und festtackern**

80 Stirnbrett einpassen und festnageln

81 Anreißen der Sparrenaussparung

Im nächsten Arbeitsgang wird das maßgenau zugeschnittene Stirnbrett stramm zwischen die Sparren eingepaßt und mit Nägeln befestigt (s. Abb. 80).

Anschließend können Sie die fehlenden senkrechten Deckelbretter einpassen und befestigen. In den Bereichen, wo aufgrund des Sparrens das Brett auszusägen ist, wird exakt angerissen (s. Abb. 81) und sauber mit einer Stichsäge oder einem Fuchsschwanz gesägt. Bevor die fehlenden Deckelbretter angenagelt werden, ist darauf zu achten, daß die unteren *Sperrklötzchen*

82 ▲   83 ▼   84

82 Brettstückchen an der Unterkante befestigen

83 Eckbretter mit dem Fuchsschwanz im entsprechenden Winkel ablängen

84 Ausgeklinktes Deckbrett mit der Unterkonstruktion verbinden

(s. Abb. 82) nicht fehlen. Erst jetzt kann das fehlende Brett eingepaßt und an die Rahmenhölzer genagelt werden (s. Abb. 83).
Die offenen Hausecken müssen Sie ebenfalls ergänzen. Die Bretter werden, nachdem sie mit Nägeln befestigt wurden, mit dem Fuchsschwanz (s. Abb. 84) parallel zur Sparrenoberkante im entsprechenden Winkel abgelängt.

● *Dacheindeckung*

Um die Dachlast möglichst gering zu halten, werden Ferienhäuser aus Holz überwiegend mit Kurzwellplatten aus asbestfreiem Faserzement eingedeckt. Das handliche Format (1097 x 625 mm) und das geringe Gewicht (8,6 oder 11,4 kg) ermöglichen eine einfache, schnelle und problemlose Verlegung.

85 **Traufenlattung mit Blende**

86 **Befestigung der ersten Dachlatte am Sparrenende**

87 **Lattenabstand messen**

88 **Traufenbrett befestigen**

85

Vor dem Verlegen der Dachplatten sind folgende Arbeitsgänge auszuführen, dabei sind die Verlegehinweise des Herstellers genau zu beachten!:

Traufenlattung
Deckenelemente montieren
Dampfsperre verlegen
Isolierung einpassen
Flächenlattung nageln
Dachüberstände fertigstellen
Winkelprüfung und Windrispenband befestigen

Traufenlattung

In unserem Beispiel (s. Abb. 85) besteht die Traufe aus dem gegen die Sparrenköpfe genagelten *Traufenbrett,* auf dem die erste Kurzwellplatte aufliegen wird; direkt dahinter ist die erste Dachlatte hochkant auf den Sparrenenden befestigt. Die zweite Latte ist in einem Abstand von 500 mm flachliegend angenagelt worden. Die in dem Bild 85 auf der rechten Seite sichtbare dritte Dachlatte hat keine konstruktive Bedeutung für die Plattenbefestigung, sondern erfüllt lediglich den Zweck, den Zwischenraum zwischen Außenwandoberkante (Stirnbrett) und Lattung abzudichten. Die in der Abbildung ebenfalls erkennbaren Zwischenstücke auf dem Sparren sind lediglich optische Ergänzungen.

Der Arbeitsablauf im einzelnen:

Die unterste (erste) Dachlatte wird hochkant auf die Sparrenenden genagelt (s. Abb. 86).
Gemäß den Angaben in der Verlegeanleitung wird dann der Lattenabstand – in unserem Beispiel 500 mm – von Oberkante erste Latte zu Oberkante zweite Latte gemessen, markiert und die Latte rißgenau festgenagelt (s. Abb. 87).
Nach dem Einpassen der Zwischenstücke auf dem Sparren wird das Traufenbrett an die Sparrenköpfe befestigt (s. Abb. 88). Nach Abschluß der Traufenlattung werden die Deckenelemente montiert.

86

87 ▼ 88 ▼

Deckenelemente montieren

Da die Flächenlattung erst nach der Dachisolierung ausgeführt werden kann, diese aber eine Auflage benötigt, sind im nächsten Arbeitsgang die Deckenelemente (siehe Abb. 89) zu montieren. Diese handlichen, von innen sichtbaren Elemente aus 16 mm starken Profilbrettern sind maßgenau auf Sparrenabstand zugeschnitten und lassen sich problemlos verlegen. Das Verlegen ist deshalb einfach, weil die Sparren beidseitig mit einer Leiste (s. Abb. 90) versehen sind (Werkmontage), auf die die Elemente gelegt werden.

Bei der ersten Lage ist aber unbedingt darauf zu achten, daß zur Innenseite hin eine Brettstärke für die Innenverkleidung freibleibt, wofür ebenfalls 16 mm dicke Profilbretter verwendet werden. Deshalb wird vor dem Befestigen zwischen Element und Innenwand ein Profilbrett geschoben, um diesen Abstand einzuhalten (s. Abb. 91).

Danach können Sie die verbleibenden Holzelemente bis zum First verlegen und von außen mit Nägeln befestigen (s. Abb. 92, 93).

90 Auflageleiste (links) für die Deckenelemente (rechts)

91 Deckenelement mit einem 16 mm-Abstand von der Innenwand befestigen

92 ▼

92   Verlegen der Deckenelemente
93   Deckenelemente mit Druckluftnagler anstiften

93 ▼

92   Verlegen der Deckenelemente

93   Deckenelemente mit Druckluftnagler anstiften

Dampfsperre verlegen

Um zu vermeiden, daß die in den bewohnten Räumen vorhandene Luftfeuchtigkeit die Bau- und Dämmstoffe durchwandert und in der Dachhaut zu Tauwasser kondensiert, werden die Profilholzelemente dachseitig mit einer Dampfsperr-Folie (0,15 mm) abgedeckt (s. Abb. 94).
Nachdem die Dampfsperr-Folie provisorisch festgetackert wurde, wird sie an den Sparren hochgezogen und mit einer schmalen Leiste fugendicht am Sparren befestigt (s. Abb. 95).

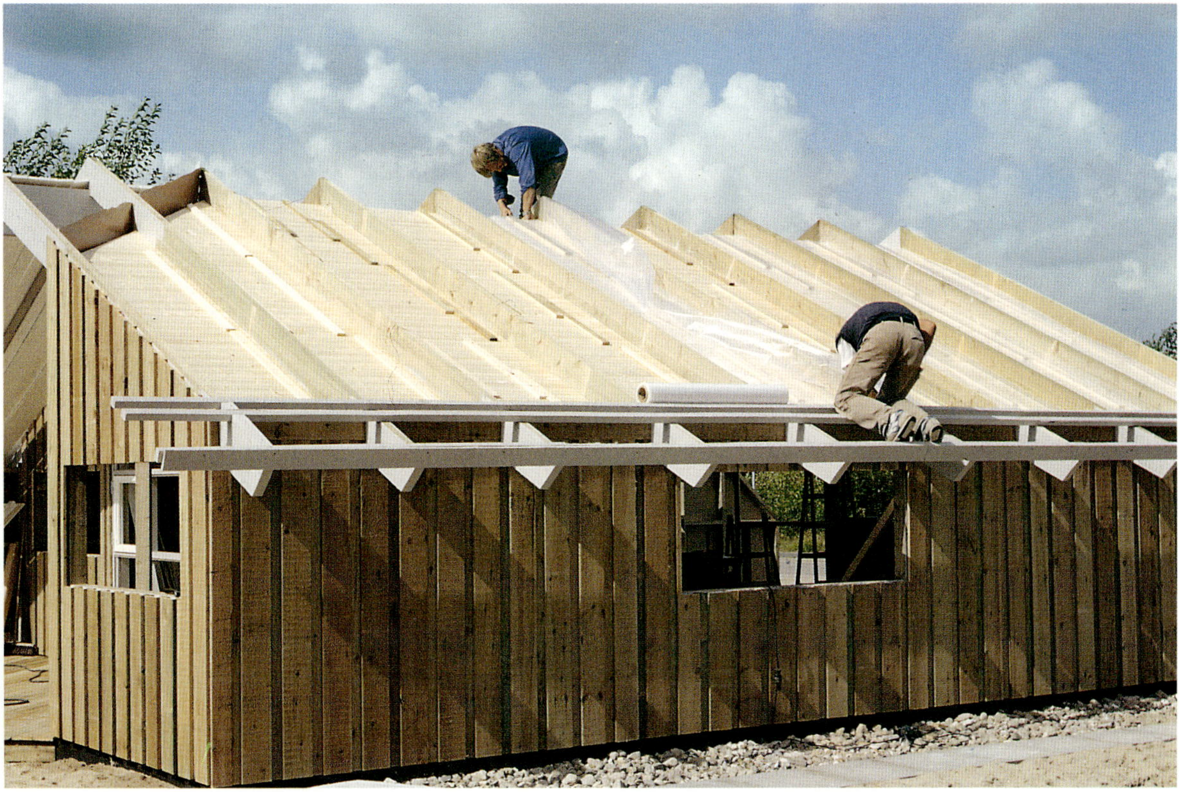

94 ▲

95 ▼

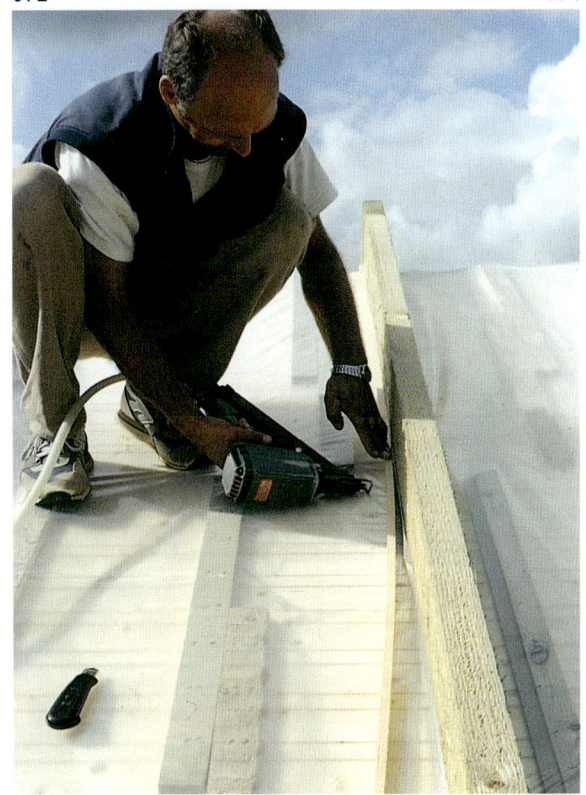

94 **Deckenelemente dachseitig mit einer Dampfsperr-Folie abdecken**

95 **Dampfsperre mit einer Leiste am Sparren befestigen**

Isolierung einpassen

Anschließend wird die Isolierung (Mineralwolle) flächig verlegt. Achten Sie darauf, daß Sie immer an der Traufe beginnen und die Isolierung über den First verlegen. Es ist wichtig, daß die Dämmung über den First verlegt wird, also über den Firstscheitelpunkt, damit keine sogenannten *Kältebrücken* entstehen. Da die Räume in Ferienhäusern überwiegend keine Zwischendecke haben, staut sich die aufsteigende Wärme unter dem First, die bei nicht geschlossener Isolierung entweichen würde.

Da die Möglichkeit der gesundheitlichen Gefährdung bei der Verarbeitung von Mineralwollefasern nicht auszuschließen ist, sollte beim Verlegen eine Schutzmaske getragen werden (s. Abb. 97).

Hinsichtlich der Dämmdicke ist statt der bisher üblichen 100 mm eine Stärke von 150 mm zu empfehlen, was allerdings eine entsprechende Sparrenhöhe voraussetzt.

96 Verlegen der Dachdämmung

97 Beim Verlegen der Mineralwolle ist eine Atemschutzmaske zu empfehlen

Flächenlattung nageln

Normalerweise beginnt die Einteilung der Lattenabstände für die Eindeckung mit Kurzwellplatten am First, um die Firstlatten auf die Schenkellänge der Firsthauben abzustimmen. Die Schenkellänge (die Deckfläche) der Firsthaube, abzüglich der Längenüberdeckung, abgetragen vom Firstscheitelpunkt der Sparren, bestimmt die Lage der ersten Latte. Von diesem Punkt sind gleichmäßig 500 mm auf den Sparren abzutragen. Ein Dachschnitt (zu sehen in der Abbildung 98) mag das verdeutlichen. Aus der Zeichnung ist die Schenkellänge der Wellfirsthaube (300 mm) ersichtlich. Zieht man davon die Längenüberdeckung von 125 mm ab, erhalten wir die Lage der ersten Latte.

Bei Ferienhäusern aus Fertigteilen sind aber die Sparrenlängen genau auf die Flächenlattungsmaße abgelängt, so daß eine Einteilung vom Firstscheitelpunkt aus entfallen kann. Deshalb kann von der vorhandenen Traufenlattung aus die Latteneinteilung beginnen.

Aufgrund des einheitlichen Abstands von 500 mm, erleichtert man sich diese Arbeit, indem eine entsprechend lange Leiste von 500 mm zu Hilfe genommen wird (s. Abb. 99). Beim Nageln der Dachlatten ist darauf zu achten, daß der Dachüberstand immer überschritten wird und die Latten mindestens drei Auflagepunkte (Sparren) haben sollten (s. Abb. 99 b).

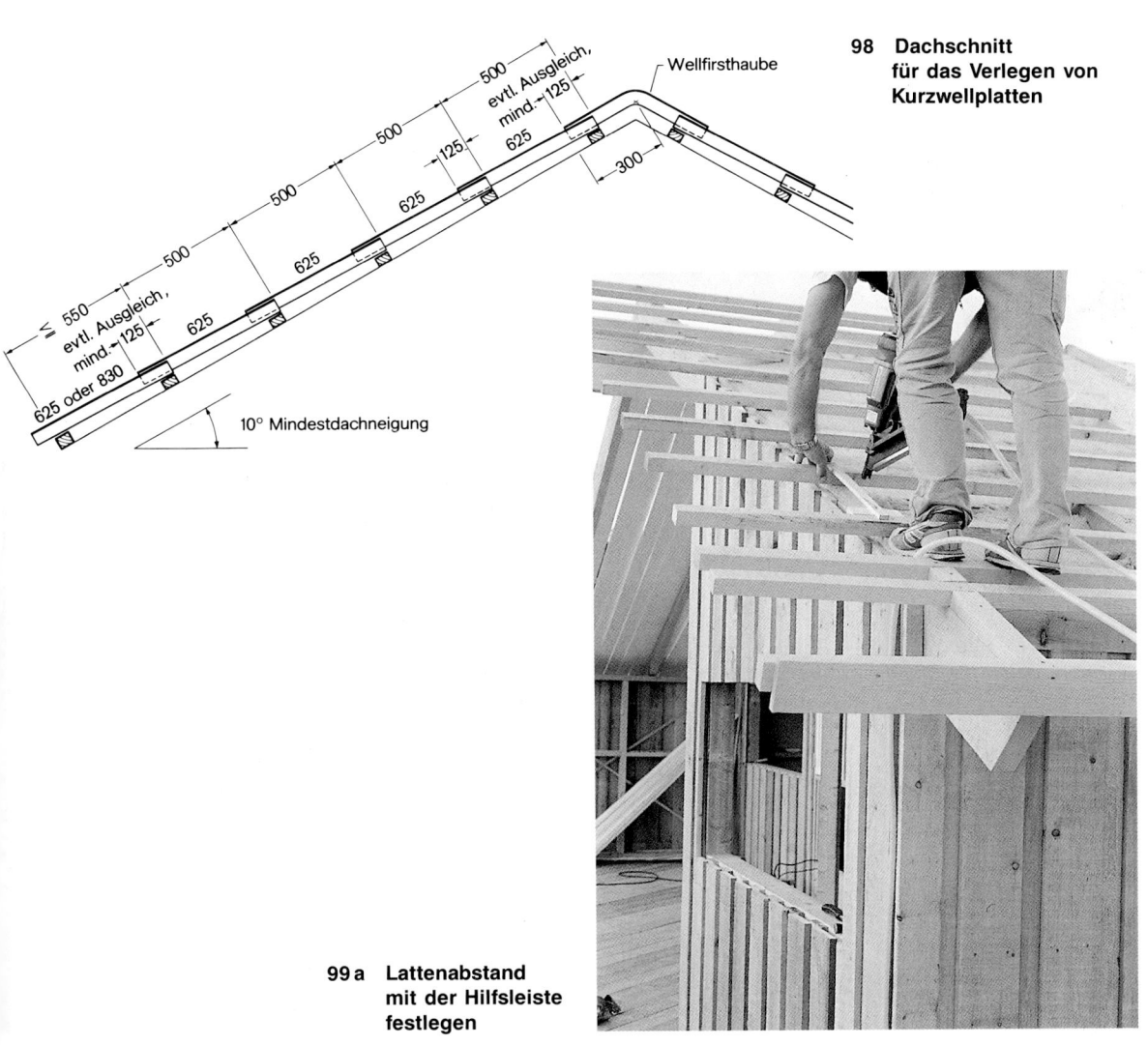

98 Dachschnitt für das Verlegen von Kurzwellplatten

99 a Lattenabstand mit der Hilfsleiste festlegen

100 ▼

Dachüberstände fertigstellen

Ein typisches architektonisches Gestaltungselement moderner Ferienhäuser ist der auffällig weite Dachüberstand im Traufen-, besonders aber im Giebelbereich, der oftmals auch eine nach innen versetzte Terrasse vor Regen schützt (s. Abb. 101). Um den Dachüberstand an den Giebelseiten (Ortgang) im gleichen Abstand von der Außenwand festlegen zu können, müssen Fluchtpunkte auf der Trauf- und Firstlatte markiert werden.

Da in unserem Ferienhausbeispiel die Firstpfette um 500 mm unter dem letzten Sparrenpaar herausragt (Dachüberstand ohne Ortgangbrett), wird dieses Maß an der untersten Trauflatte vom Sparren nach außen abgemessen. Deshalb wird zunächst die Sparrenaußenkante auf die Dachlatte übertragen (s. Abb. 102).

9 b **Dachlatten auf mindestens drei Auflagepunkten (Sparren) befestigen**

00 **Eingelattete Dachfläche des Ferienhauses**

01 **Dachüberstand und überdachte Terrasse mit auskragenden Pfetten (Skanbo)**

02 **Sparrenaußenkante auf Dachlatte übertragen**

101 ▼   102 ▲

59

Von diesem Riß übertragen Sie den Dachüberstand (500 mm) auf das Traufbrett und die -latte. Nun reißen Sie rechtwinklig an und längen das Traufbrett und die -latte mit dem Fuchsschwanz ab (s. Abb. 103).

Damit ist der erste Fluchtpunkt festgelegt. Der zweite Punkt ist auf der Firstlatte zu markieren, indem die Pfettenaußenkante auf die Firstlatten übertragen wird (s. Abb. 104).

Die in Abbildung 104 erkennbare Schlagschnur ist bereits rißgenau angelegt und wird zum Traufenfluchtpunkt straff gespannt und »angeschla-

gen«, damit auf jeder Dachlatte der Sägeriß erkennbar wird (s. Abb. 105, 106). Mit dem Fuchsschwanz werden nun alle angerissenen Dachlatten rechtwinklig abgelängt (s. Abb. 107).

Gegen diese Dachlatten kann nun das Ortgangbrett genagelt werden (s. Abb. 108). Die dafür erforderlichen vier vorgeschnittenen und farblich endbehandelten Bretter sind nach den Verlegehinweisen des Plattenherstellers zu montieren.

103 Traufbrett und -latte rechtwinklig ablängen

104 In der Bildmitte die Firstpfette, oben die Firstlatten mit Sägeriß und Schlagschnur (von oben gesehen)

105 Schlagschnur vom First zum Traufenpunkt einfluchten, ... ▶

106

107 ▼

106   stramm ziehen und »anschlagen«

107   Ablängen der Dachlatten am Ortgang

108   Ortgangbrett (Giebelbrett) an die Dachlatten nageln

109   Befestigung des Ortgangbrettes

110   Ortgangbretter am Firstscheitelpunkt; am rechter
      Brett ist die Rißlinie noch zu erkennen.

108

Da die Kurzwellplatten (s. S. 70) an allen Giebelseiten auf den Ortgangbrettern aufliegen und
diese mit einer halben Welle überdecken sollen,
muß jedes Ortgangbrett die Dachlatten um die
sogenannte *Wellenhöhe* überragen. Die Wellenhöhe ist das Maß zwischen Auflagepunkt Dachlatte und oberem Wellenmittelpunkt (von innen,
ohne Materialdicke). Bei der Kurzwellplatte
beträgt dieser Abstand 51 mm. Das heißt, daß die
Oberkante des Ortgangbrettes 51 mm von der
Dachlattenoberkante entfernt zu befestigen ist.
Deshalb wird auf der Innenseite des Brettes – von
der oberen Kante – ein Parallelriß von 51 mm eingezeichnet. Bei der Montage wird dieser Riß mit
der Lattenoberkante bündig gehalten und das
Brett festgenagelt.
Zur Verstärkung der Giebelbretter am Firstscheitelpunkt wurde auf der Firstpfette ein Holzstück in
der Breite der Pfette mit einem Winkelverbinder
befestigt (s. Abb. 110).

Zu den abschließenden Feinarbeiten am Dachüberstand gehören der Anschnitt des Ortgangbrettes an der Traufe (s. Abb. 111) und die Montage der Unterschalung an den Ortgängen.

Das Ortgangbrett wird zunächst angerissen und im entsprechenden Winkel mit dem Fuchsschwanz so auf Länge gesägt, daß die Kurzwellplatte das Brett um etwa 2 bis 3 cm überragt (s. Abb. 111).

Abschließend erfolgt unten ein Parallelschnitt zum Traufenbrett im Abstand von 3 bis 4 cm (s. Abb. 113).

Die *Unterschalung* (»Unterschlag«) an den Ortgängen sollte immer vor der Dacheindeckung erfolgen, um bereits befestigte Dachplatten nicht unnötig zu erschüttern. Die genau auf Länge zugeschnittenen Bretter (werkseitig mit weißer Schutzfarbe behandelt) lassen sich am schnellsten mit einem Druckluftnagler an den Dachlatten befestigen (s. Abb. 114). Achten Sie dabei darauf, daß Sie zwischen den einzelnen Brettern einen Zwischenraum von etwa 5 mm einhalten, um eine spätere Hinterlüftung des Daches zu gewährleisten (s. Abb. 115).

111 ▲

112

113

111 Giebelbrett im entsprechenden Winkel anschneiden

112 Anreißen des Parallelschnitts am Giebelbrett

113 Zuschnitt mit dem Fuchsschwanz

114 Unterschalung mit dem Druckluftnagler an die Dachlatten nageln

115 Wichtig ist ein gleichmäßiger Abstand zwischen der Unterschalung

114

115 ▼

Winkelprüfung und Windrispenband befestigen

Bevor mit dem Eindecken des Daches begonnen werden kann, ist die Dachlattung auf Mängel zu überprüfen, die sich nachteilig auf das Plattenmaterial auswirken können. Dies gilt besonders für den geradlinigen Fluchtverlauf der einzelnen Dachlatten (unbedingt auf die gleichen Abstände achten!). Wichtig ist aber auch, daß Traufen- und Firstlinie parallel verlaufen und mit der Giebelkante rechte Winkel bilden (s. Abb. 116). Zur Überprüfung der rechten Winkel kann auch hier wieder der selbst gefertigte Bauwinkel (vgl. Seite 19) eingesetzt werden.

Bei montagefähigen Ferienhäusern kann aber davon ausgegangen werden, daß aufgrund der werkseitig gefertigten Bauteile und maßhaltiger Montage vor Ort eine Winkelprüfung entfallen kann. Dennoch: wer sicher gehen will, sollte diese Prüfung vornehmen!

Auf einen sehr wichtigen Arbeitsgang *vor* der Eindeckung ist noch hinzuweisen:

Jedes Dach ist neben der Eigenlast (Gewicht) sogenannten *Verkehrslasten* ausgesetzt, wobei der *Windlast* besondere Aufmerksamkeit gebührt. Zu der Windlast gehört auch der *Winddruck*, der in Querrichtung und Längsrichtung auf die Dachfläche einwirkt. Letztere Windlast kann das Gebälk (Sparren und Latten) verschieben und damit erhebliche Schäden verursachen.

Um diesen eventuell auftretenden Schäden vorzubeugen, ist der Einbau sogenannter *Windrispen* erforderlich. Normalerweise werden hierfür Latten diagonal von innen gegen die Sparren genagelt. Da in unserem Ferienhaus die Sparrenzwischenräume bereits mit Deckenelementen versehen sind, können die Windrispen nur von außen auf den Sparren befestigt werden. Hierfür eignet sich besonders ein *rost-* und *säurebeständiges Windrispenband aus Stahlblech,* das mit Kammnägeln befestigt wird (s. Abb. 117, 118).

Eine andere Möglichkeit, die Scherkräfte des Winddruckes abzufangen, besteht darin, Dachlatten diagonal zwischen die Sparren zu nageln (s. Abb. 119).

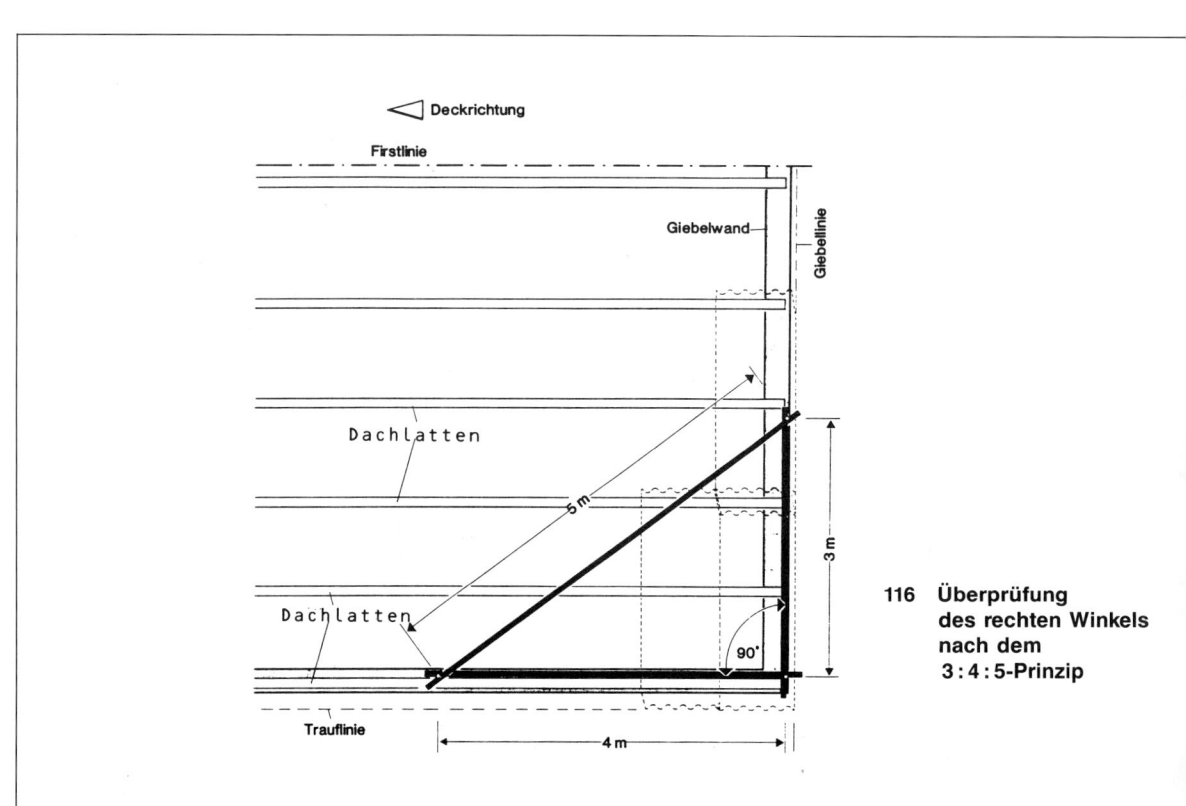

116 Überprüfung des rechten Winkels nach dem 3 : 4 : 5-Prinzip

117 Windrispenband vom Traufen-Giebel-Eckpunkt
diagonal über die Dachfläche straffgezogen verlegen

118 Diagonal verlegte Windrispenbänder
auf jeder Latte befestigen

119 Zum Vergleich: Verlegen von Dachlatten als
Windrispen zwischen den Sparren

117

118 ▼

119

Für die Eindeckung des Ferienhauses
werden folgende Einzelteile benötigt:

Kurzwellplatten
(für Links- oder Rechtsdeckung)
Traufen- und Ortgangplatten
Einteilige Wellfirsthauben
Entlüftungshauben
Sechskant-Holzschrauben
Dichtungsband
Schaumstoffdichtungsprofil für Traufe
und First

links nach rechts eingedeckt werden (Typ R). Das heißt, die Eindeckung beider Dachflächen ist vom gleichen Ortgang aus zu beginnen. Das hat auch den Vorteil, daß sich die Wellentäler und -berge der Platten am First genau gegenüberliegen und parallel zur Firstlinie verlaufen, wo sie dann abschließend mit einteiligen Firsthauben abgedeckt werden (S. Abb. 123).

Neben den Typen für Links- und Rechtsdeckung sind für die Ortgänge (Giebel) und Traufen separate Platten zu verwenden, die keine Eckschnitte haben und mit »Typ O« (Ortgang) oder »Typ OA« (Ortgang und Ausgleich) bezeichnet werden. Die

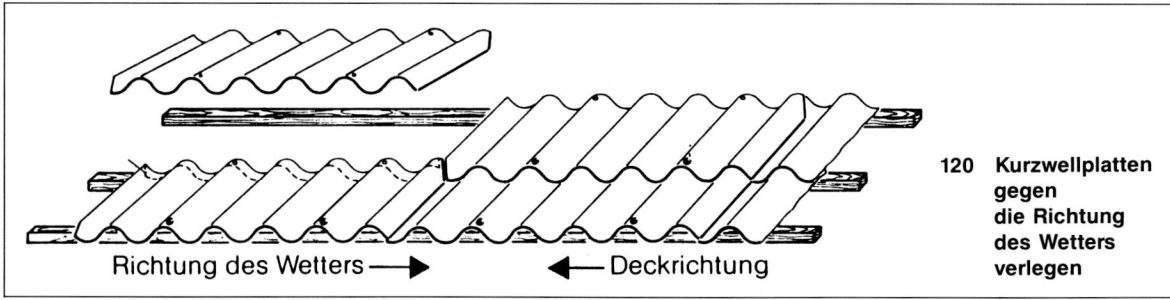

120 Kurzwellplatten gegen die Richtung des Wetters verlegen

Richtung des Wetters ⟶   ⟵ Deckrichtung

Da *Kurzwellplatten* immer *gegen die Richtung des Wetters* (s. Abb. 120), an der Traufe beginnend, von Ortgang zu Ortgang verlegt werden, bieten die Hersteller entsprechende Plattentypen an. Gegen die Richtung des Wetters heißt: wenn beispielsweise das Haus in Ost-West-Richtung steht und Niederschläge mit überwiegend westlichen Winden herangetragen werden, wird von Ost nach West eingedeckt oder von rechts nach links, wie es fachlich korrekt heißt. Das heißt, es sind Platten zu verwenden, die für die Linksdeckung vorgesehen sind. Die Hersteller kennzeichnen diese Kurzwellplatten mit »Typ L«; für die Rechtsdeckung (von links nach rechts) gilt die Bezeichnung »Typ R«.

Der Vorteil dieser beiden Deckrichtungen besteht darin, daß die seitlichen Überlappungen (Seitenüberdeckung) der verlegten Platten immer zur wettergeschützten Seite liegen, Niederschläge also nicht unter die Platten gedrückt werden können.

Gegen die Richtung des Wetters verlegen, gilt selbstverständlich für beide Dachflächen. Wurde die südliche Dachfläche von rechts nach links eingedeckt (Typ L), muß die nördliche Fläche von

in Abbildung 121 zu sehende Zeichnung der Firma Eternit verdeutlicht dies sehr gut.

Im Gegensatz zu zweiteiligen Wellfirsthauben, bei der keine Übereinstimmung beider Dachflächen in Neigung und Profilführung erforderlich ist, muß bei der *einteiligen Wellfirsthaube* die Wellenrichtung von der Traufe zum First auf beiden Dachseiten genau übereinstimmen.

121 Plattenanordnung mit der entsprechenden Typenbezeichnung

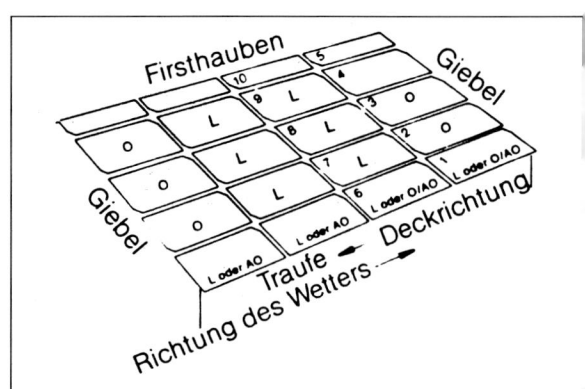

122   123   124 ▼

Die *Entlüftungshauben* für Naßzellen (Bad/WC) werden zusammen mit der Plattenbefestigung eingebaut, wobei vorher die Rohrdurchführung in der Decke freizusägen ist.

Zur Befestigung der Platten werden normalerweise *Glockennägel* verwendet. Bei modernen Ferienhäusern hat sich jedoch die Verwendung von *Sechskantkopf-Holzschrauben* und *Dichtungsscheiben* durchgesetzt. Diese Befestigungsart hat nicht nur eine höhere Zugfestigkeit, sondern verhindert auch, daß Platten durch fehlgeleitete Hammerschläge beschädigt werden.

122   **Einteilige Wellfirsthauben und Kurzwellplatten**

123   **Am Firstscheitelpunkt gegenüberliegende Kurzwellplatten mit unbefestigter, einteiliger Firsthaube**

124   **Entlüftungshauben**

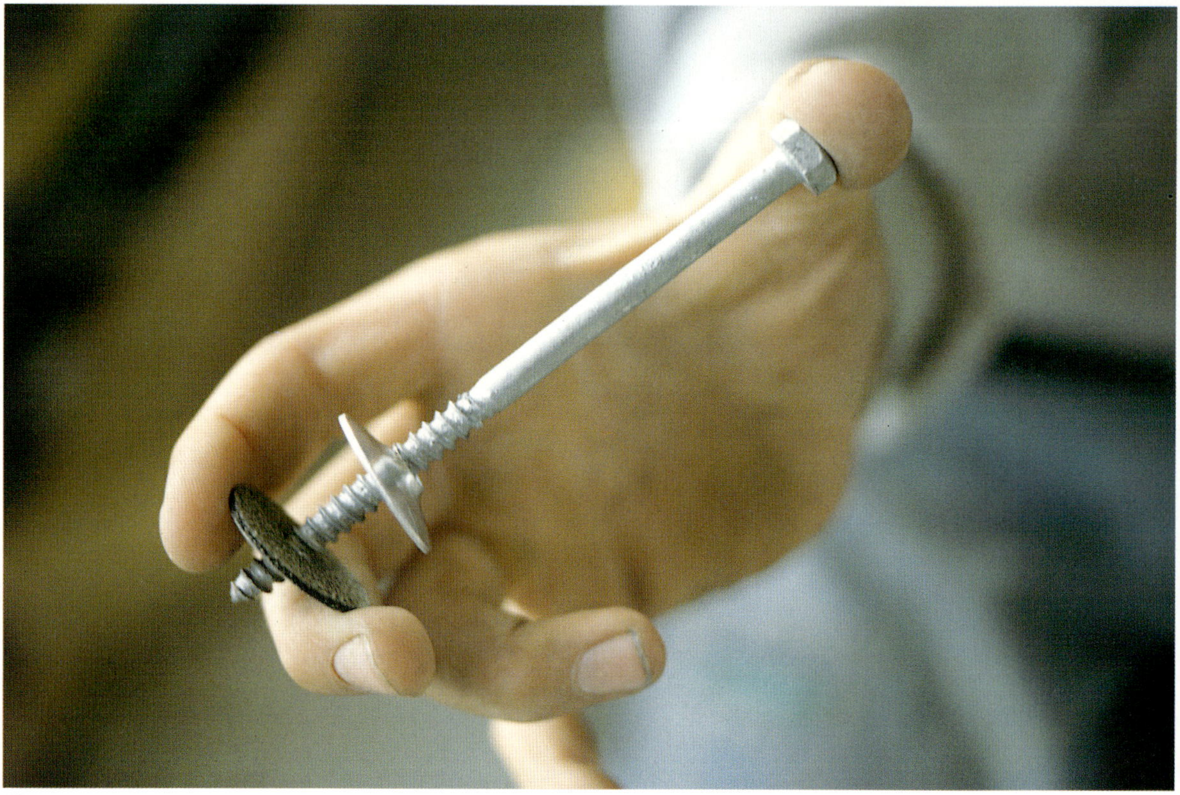

125

Bei Dachneigungen von 10 bis 25 Grad müssen die Plattenränder firstseitig mit einem *Dichtungs-band* oder *Dichtungsprofil* versehen werden, um Schlagregen oder Schneefall von der Isolierung abzuhalten. Hierfür eignet sich ein unverrottbares »*Wollband*«, das im feuchten Zustand verlegt wird (s. Abb. 126).

Eine vergleichbare Funktion erfüllt das *Wellen-kammprofil, ein leicht klebendes Schaumgummi* (s. Abb. 127, 128), das an der Traufe zwischen erster Dachlatte und am First zwischen Kurzwell-

platte und Firsthaube vor der endgültigen Befesti-gung eingelegt wird.

Mit dieser Dichtung wird das Dachinnere am First gegen Schlagregen und Schneefall gesichert; es verhindert aber auch, daß sich Vögel unter dem Dach einnisten.

Der Ablauf der Dacheindeckung im einzelnen:

Im ersten Arbeitsgang werden die Platten getrennt nach Ortgang-, Traufe- und Flächenplat-ten auf die Traufe gelegt (s. Abb. 129) und auf der Dachfläche verteilt (s. Abb. 130).

126   **127**

125 Verzinkte Sechskantkopf-Holzschraube für die
Plattenbefestigung mit Dichtungsscheibe

126 Dichtungsband im trockenen Zustand

127+128 Schaumstoffdichtungsprofil für Traufe und First

129 Kurzwellplatten nach Plattentypen getrennt
auf der Traufe lagern . . .

128 ▲

129

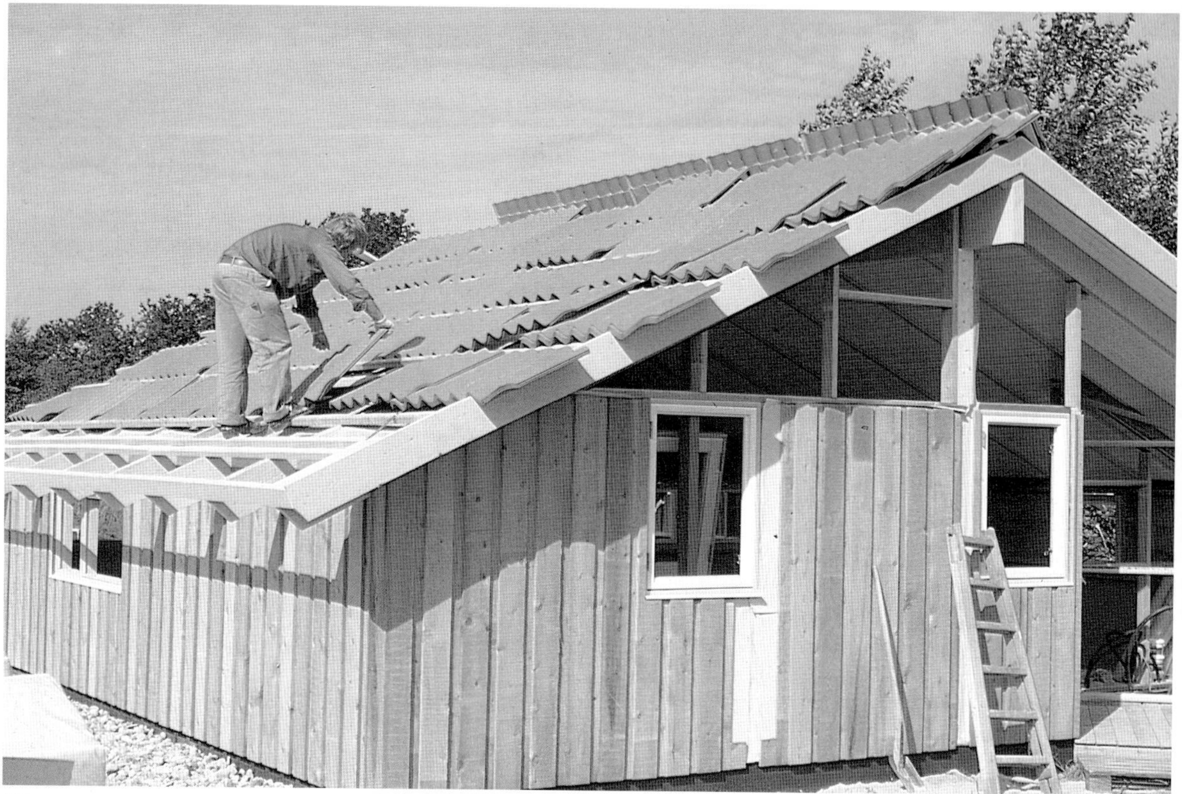

130

131 ▼

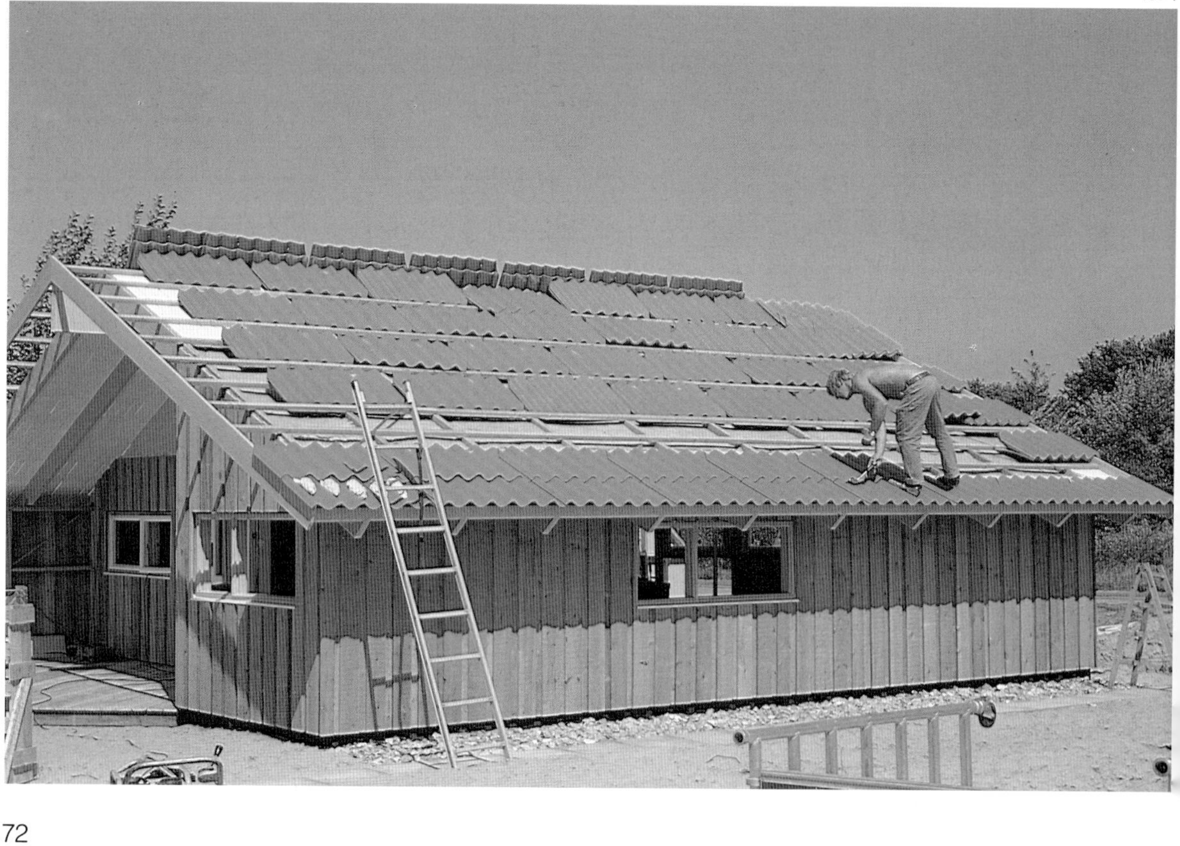

Die Verlegung erfolgt reihenweise von der Traufe zum First. In unserem Beispiel wurde die Eindeckung der südlichen Dachfläche von rechts nach links vorgenommen; also eine Linksdeckung gegen die Wetterrichtung aus Westen (s. Abb. 131). Sobald die Traufenreihe ausgelegt ist, sind die einzelnen Platten auf gleichmäßigen Überstand (maximal 100 mm) auszurichten (s. Abb. 133), wobei die Löcher für die Befestigungsschrauben mittig über der zweiten Dachlatte liegen müssen. Ob die Platten nach dem Auslegen der ersten Reihe gleich mit den Dachlatten verschraubt werden müssen oder die Befestigung erst nach der kompletten Flächendeckung zu erfolgen hat, ist den Verlegehinweisen des Herstellers zu entnehmen oder vor Ort zu entscheiden.

Bei dem hier beschriebenen Ferienhaustyp wurden die Dachplatten erst nach der kompletten Flächeneindeckung in einem Arbeitsgang mit den Dachlatten verschraubt.

130+131 und auf der Dachfläche verteilen

132 Verlegen der Ortgangplatte an der Traufe

133 Gleichmäßiges Einmessen des Plattenüberstandes

132 ▼   133 ▲

73

Unabhängig von der Reihenfolge der Befestigung ist jede Reihe mit einem *Dichtungsband* (s.
Abb. 135, 136) zu versehen, bevor die nächste
Plattenreihe verlegt wird. Dieses »wollene« Dichtungsband wird vor dem Verlegen in Wasser
getaucht und ausgewrungen. So kann es mit
dem Wellenverlauf der Platten bündig ausgelegt
werden, um eine sichere Abdichtung zu gewährleisten. Erst danach kann die nächste Plattenreihe
ausgelegt werden, wobei darauf zu achten ist,
daß die firstseitige Kante der Platte die darunter-
liegende Dachlatte um 3 bis 4 cm überragt (Her-
stellerangaben beachten!). Um diese Arbeit zu
erleichtern, bieten sich *zwei* Hilfsmittel an:

Die *erste* und sehr einfache Methode, den gleichen Abstand einzuhalten, besteht darin, daß
eine entsprechend breite Leiste gegen die *Dachlatte* gelegt wird, wonach jede Platte kantenbün-

134 Nach dem Auslegen verschraubte Traufenplatten
mit feuchtem Dichtungsband abdecken

135+136 Verlegen des feuchten Dichtungsbandes

137 Plattenüberstand mit der Hilfsleiste einfluchten

134

135 ▼

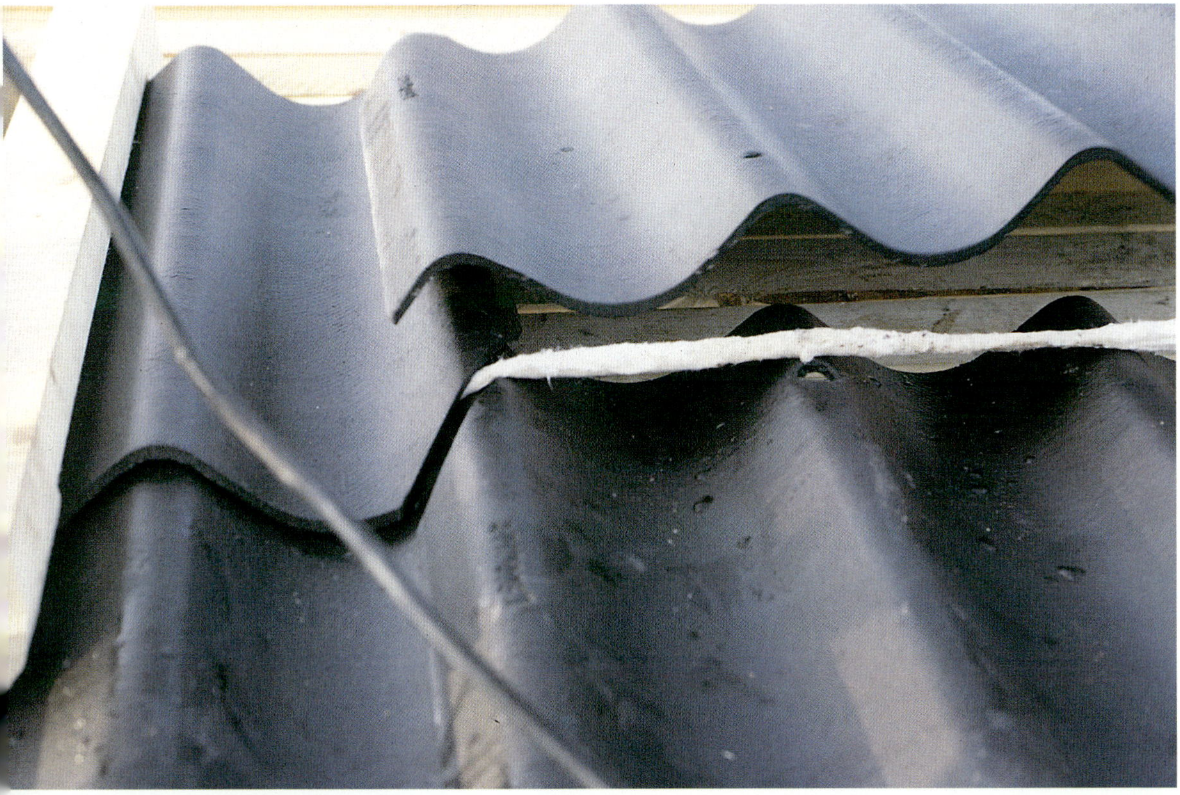

136

137 ▼

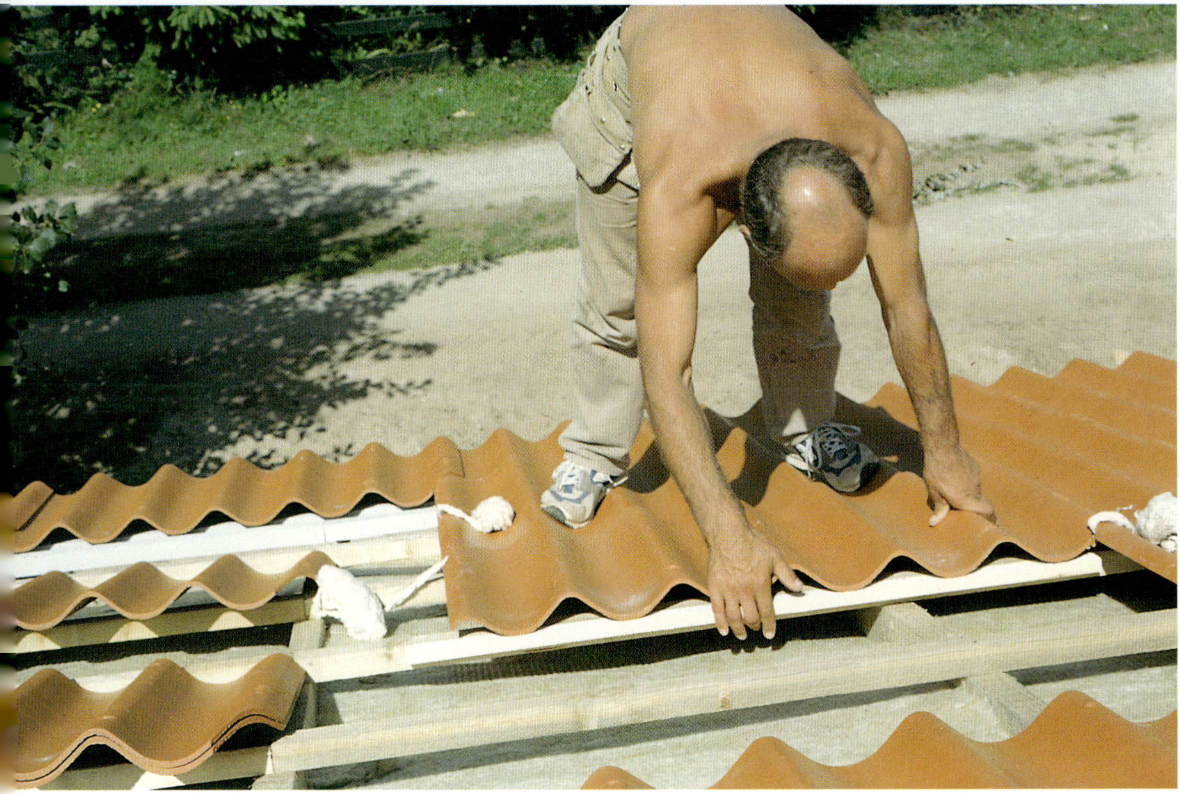

dig eingefluchtet verlegt wird (s. Abb. 137). Noch anschaulicher wird dieses Hilfsmittel in der Abbildung 138.

Die *zweite* Möglichkeit, einen gleichmäßigen Überstand zu erreichen, wird durch die Verwendung einer *Schablone* erleichtert (s. Abb. 139). Diese Schablone ist im ausgeklinkten Teil so lang wie die Platte, hat aber im oberen Teil (s. Abb. 140) eine aufgesetzte Leiste, die um den gewünschten erforderlichen Überstand zurückspringt, der beim Verlegen gegen die Dachlatte geschoben wird.

138 Einfluchten der Wellplatte mit Hilfsleiste

139 Überstandskorrektur mit einer selbst hergestellten »Schablone«

Reihe für Reihe werden nun die beiden Dachflächen in der beschriebenen Weise bis zum First eingedeckt. Sollte sich herausstellen, daß die Platten der letzten Reihe (am First) zu lang sind, können diese mit einer *Trennscheibe* verkürzt werden, wobei zu empfehlen ist, diesen Arbeitsgang nicht auf dem Dach auszuführen.

Bevor der offene Firstbereich mit Firsthauben abgedeckt wird, sind die Lüftungshauben zu montieren. Vorbereitend hierfür muß von unten, also vom Innenraum her, die Lage des Durchbruchs genau gekennzeichnet und durch Bohrungen in

140 **Verlegeschablone für Kurzwellplatten**

141 **Bis zum First verlegte Kurzwellplatten**
(in der Bildmitte sind die Windrispen zu erkennen)

77

der Dachplatte markiert werden. Nach dieser Markierung kann das Lüftungsloch mit der Trennscheibe herausgeschnitten werden (s. Abb. 142). Wichtig ist aber, daß das Loch aus dem Wellenberg herausgeschnitten wird! Sollte sich nach unten – zum Entlüftungsrohr – ein Versatz ergeben, kann dieser mit einem *flexiblen Schlauchanschluß* wieder ausgeglichen werden. Danach kann die obere Schürze der Lüftungshaube unter die darüberliegende Kurzwellplatte geschoben und angeschraubt werden.

Im Anschluß daran werden alle Befestigungslöcher mit Schrauben versehen und in einem Arbeitsgang mit dem Akkuschrauber festgezogen (s. Abb. 145).

Nun wird mit der *Firsteindeckung* begonnen, wobei zuerst an einem Ende des Firstes eine Firsthaube giebelbündig mit der Ortgang-Kante aufgelegt wird (s. Abb. 146). Von der gegenüberliegenden Firstseite wird nun der First lose eingedeckt (s. Abb. 146), um festzustellen, auf welches Maß die letzte Haube zuzuschneiden ist.

Bevor die Firsthauben verschraubt werden, sind die Zwischenräume zwischen Platte und Haube mit dem bereits erwähnten hahnenkammähnli-chen Dichtungsprofil aus Schaumgummi (s. Abb. 147) abzudichten. Mit dem gleichen Material werden auch die Traufenplatten abgedichtet. Hierbei wird das Profil direkt hinter dem Traufenbrett zwischen erste Dachlatte und Wellplatte gepreßt.

Im Gegensatz zu den Wellplatten sind die Firsthauben nicht mit Löchern für die Sechskant-Holzschrauben versehen. Deshalb müssen Sie diese Löcher mit einem Steinbohrer nachträglich bohren. Achten Sie darauf, daß sie in gleicher Flucht zu den Schrauben auf der Dachfläche liegen, der Bohrer also in der Wellenbergmitte angesetzt wird.

142

143

144

142 Freigeschnittenes Lüftungsloch in der Platte

143 Einsetzen der Lüftungshaube

144 Mit einem Akkuschrauber werden die Entlüftungshauben befestigt

145 Festschrauben der Kurzwellplatten

146 Firsthauben lose auf den First legen

147 Dichtungsprofil unterhalb der Firsthaube verlegen

145

146

147 ▼

● Einbau von Fenstern, Türen und Elementen

Ihnen ist sicherlich aufgefallen, daß sehr viele Arbeitsabläufe im Holzhausbau problemlos nachzuvollziehen sind, weil die Bauteile maßgenau ab Werk geliefert werden, so daß kaum Korrekturen notwendig sind, immer vorausgesetzt, daß Sie maßhaltig gearbeitet haben.

Auch beim Einbau der Fenster, Türen und Elemente wird wieder deutlich, daß der handwerklich präzise ausgeführte Holzrahmenbau diese Arbeitsgänge erheblich erleichtert.

Da die *Fensterriegel,* auf denen die Blendrahmen des Fensters aufliegen, bereits waagerecht im Wandelement eingebaut sind, reduziert sich die Fenstermontage auf folgende Arbeitsgänge:

148 Auslegen eines Dichtungsbandes (Mineralwolle) auf die Fensterbrüstung

149 Gleich starke Sperrholzplättchen links und rechts mit Dachpappnägeln befestigen

150 Regenablaufschiene an der Unterseite des Blendrahmens in die Nut schlagen

151 Blendrahmen mit dem Fensterflügel (ohne Scheibe) auf die Fensterbrüstung auflegen und mit passenden Plättchen oben links und rechts festklemmen; danach Fensterflügel herausnehmen

Auslegen eines Dichtungsbandes (Mineralwolle) auf die Fensterbrüstung (s. Abb. 148)

Gleich starke Sperrholzplättchen links und rechts mit Dachpappnägeln befestigen (s. Abb. 149)

Regenablaufschiene an der Unterseite des Blendrahmens in die Nut schlagen (s. Abb. 150)

Blendrahmen mit dem Fensterflügel (ohne Scheibe) auf die Fensterbrüstung auflegen und mit passenden Plättchen oben links und rechts festklemmen; danach Fensterflügel herausnehmen (s. Abb. 151)

Da der Blendrahmen innen mit der Wandverkleidung (Profilholz) bündig abschließen soll, wird er mit Hilfe eines angelegten Profilbretts millimetergenau justiert (s. Abb. 152)

abschließend mit Plättchen standsicher verklemmen (s. Abb. 153)

148

149

150

152

153 ▼

So ist der Blendrahmen nunmehr in allen vier Ecken durch eingeschlagene Sperrholzplättchen standsicher vormontiert.

Hinweis: Da die Innenverkleidung bündig mit dem Blendrahmen abschließen soll, sind die Plättchen entsprechend tief einzuschlagen. Abschließend kann der Stand des Rahmens durch Anlegen eines Profilbretts nochmals überprüft und – falls notwendig – korrigiert werden.

Nun gilt es noch, mit einem *Druckluftnagler* oder *Schnellbauschrauber* den Rahmen durch den Falz und die Aussteifungsplättchen hindurch mit den seitlichen Ständern zu verbinden (s. Abb. 154). Die Zwischenräume zwischen Rahmen, Riegel und Ständer werden mit Mineralwolle-Streifen oder Kokoswolle abgedichtet. Dieser Arbeits-

152 Da der Blendrahmen innen mit der Wandverkleidung (Profilholz) bündig abschließen soll, wird er mit Hilfe eines angelegten Profilbretts millimetergenau justiert

153 Abschließend mit Plättchen standsicher verklemmen

154 Blendrahmen »festschießen« oder schrauben

155 Einpassen der Dichtung für ein Fensterelement

154 ▼   155 ▲

ablauf wiederholt sich bei allen Fenstern und Fensterelementen.

Beachten Sie bitte, daß bei dem Element zur Terrasse hin auf die Unterlegplättchen verzichtet wurde, um eine maximale Dichtung zur Terrasse zu erreichen (s. Abb. 155). Vor dem Befestigen wird das Element lotgerecht eingepaßt und durch den Falz mit den Ständern verschraubt.

Beim Einbau des Türelements ist die Zarge zunächst ohne Türblatt zu montieren (s. Abb. 157), wobei die untere Schraube am Türanschlag unbefestigt bleibt. Dann das Türblatt einhängen, das Lot mit der Wasserwaage überprüfen und die unbefestigte Schnellbauschraube festziehen. In Abbildung 158 erkennt man die Türschwelle aus Mahagony: ein wichtiges Detail für eine lange Lebensdauer der Tür! Allerdings sollte heimische Eiche dem Tropenholz vorgezogen werden.

156   **Einsetzen des Fensterelements**

157   **Türblatt einhängen und mit einer Wasserwaage ins Lot setzen**

158   **Festziehen der noch unbefestigten Schnellbauschraube**

156 ▲

157

158 ▼

Innenausbau

● *Holzfußboden*

Montagevorbereitungen

Der Aufbau des Holzfußbodens im Ferienhaus gliedert sich in der Reihenfolge von oben nach unten wie folgt:

Fußbodenbretter, Kiefer, 21 mm, mit umlaufender Nut und Feder, warmluftgetrocknet, grundiert

Spanplatte, 22 mm, für den Eingangsbereich und die Küche

Isolierung (Mineralwolle 75 mm)

Unterkonstruktion, druckimprägnierte Latten (38 x 73 mm)

Feuchtigkeitssperre, Plastikfolie (0,15 mm)

159 Mit Plastikfolie (Feuchtigkeitssperre) abgedeckte Betonsohle

In umgekehrter Reihenfolge wird nun der Fußboden aufgebaut. Es wird also mit dem Auslegen der *Feuchtigkeitssperre* begonnen, dem eine sorgfältige Reinigung der Betonsohle vorausgeht (s. Abb. 159). Wer auf Plastikfolie als Feuchtigkeitssperre verzichten möchte, dem sei *unbesandete Bitumenpappe* empfohlen, die überlappend zu verlegen ist. In den Fällen, wo die Betonsohle nicht auf einer Feuchtigkeitssperre aufliegt, ist eine *Bitumen-Schweißbahn* anzuraten, die mit einem Gasbrenner überlappend verschweißt wird.

Bevor die Latten für die Unterkonstruktion ausgelegt werden, ist noch ein sehr wichtiger Arbeitsgang auszuführen: Die Schwellen der Außenwände, die nur mit Nägeln (100 mm) auf dem Sockel befestigt sind, müssen nun mit den Flachstahlankern verbunden werden. Dafür ist die Schwelle etwas freizustemmen, damit der Fußboden bündig verlegt werden kann (s. Abb. 160, 161).

Vor diesem Arbeitsgang wird der nach innen überstehende Dämm-Dichtungsstreifen (s. Abb. 46) unterhalb der Schwelle bündig abgeschnitten.

160   **161 ▼**

Ebenfalls vor dem Auslegen der Latten für die Unterkonstruktion müssen alle elektrischen Leitungen vom Hauptanschluß über den Boden verlegt und provisorisch an den Wänden befestigt werden. Diese Verlegungsart ist einfach und schnell auszuführen und reduziert den Kabelbedarf auf ein Minimum (s. Abb. 162).

Sind alle Kabel verlegt, beginnt das Auslegen der druckimprägnierten *Latten* für die *Unterkonstruktion*. Dabei sollte der Abstand zwischen den Latten um einen Zentimeter geringer sein als die Breite der Isoliermatten. So werden Kältebrücken vermieden, denn die Isolierung liegt stramm zwischen den Latten.

Jeder Anlegepunkt wird an der Schwelle markiert: Eine Befestigung unterbleibt, damit der Fußboden sich später »bewegen« kann (s. Abb. 163). Um ein Verdrehen oder Heben der Latten zu vermeiden, werden die Latten auf halber Länge mit dem Fuchsschwanz auf 3/4-Tiefe angeschnitten, wobei vorher ein Klotz unterzulegen ist (siehe Abb. 164).

Um den gleichen Lattenabstand auch in der Fläche einzuhalten, werden die Abstände auf ein langes Hilfsbrett übertragen, das parallel zur

160 **Flachstahlanker mit Kammnägeln an der Latte der Außenwand befestigen**

161 **Befestigter Flachstahlanker; die ausgestemmte Aussparung ist deutlich zu sehen**

162 **Auslegen der Elektrokabel**

163 **Auslegen der Fußbodenlatten**

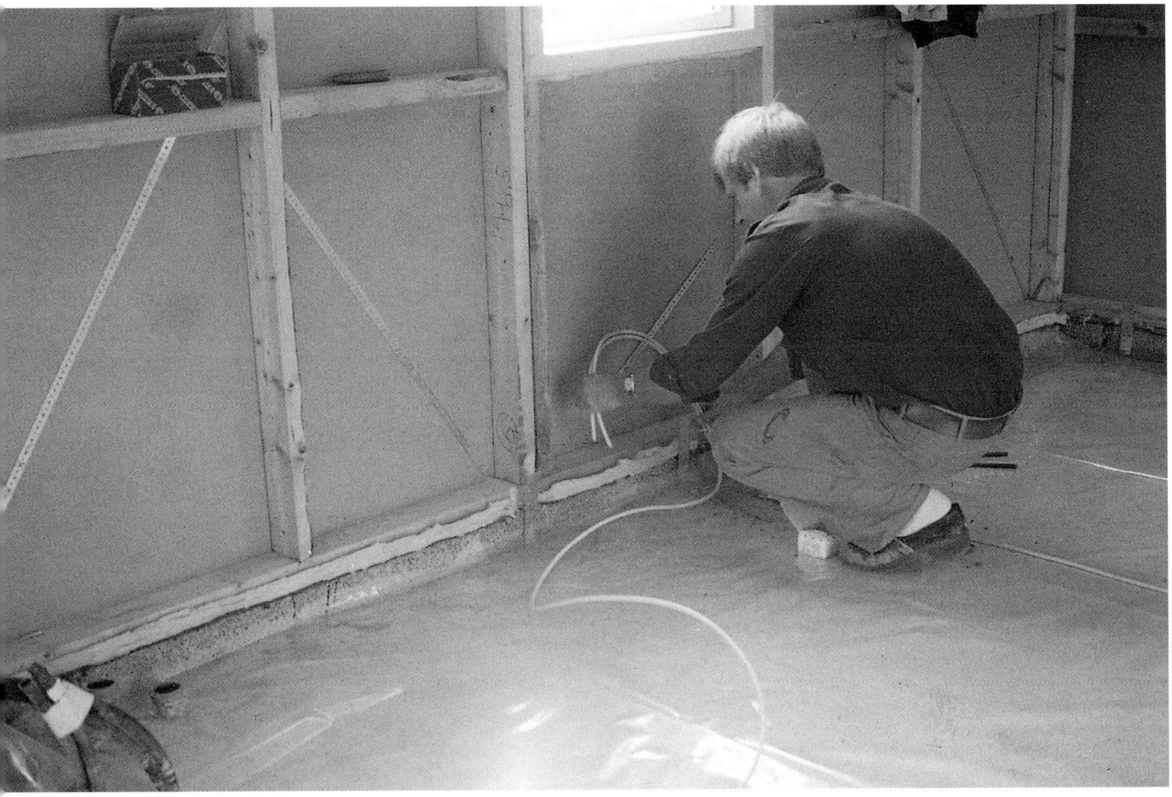

62

163 ▼

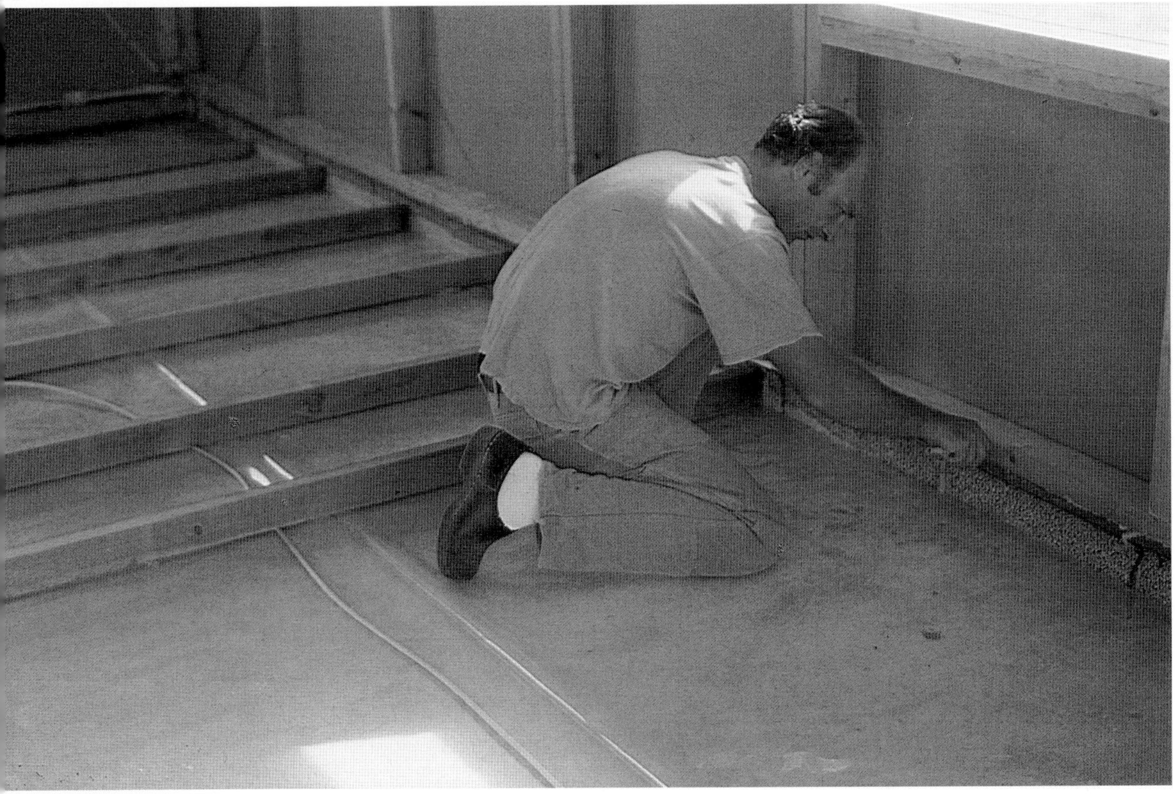

165 ▼

166

Wand in der Raummitte liegt. Danach können die Latten rißgenau ausgelegt und mit dem Hilfsbrett verstiftet werden (siehe Abb. 165).

Nachdem die Bodenfläche mit den Latten für die Unterkonstruktion ausgelegt ist, wird jede einzelne Latte auf gleiche Höhe gebracht. Ausgangspunkt hierfür ist normalerweise der *Höhenriß*, die sogenannte »OFF-Markierung« (Oberkante Fertig-Fußboden), abzüglich Fußbodenstärke (21 mm). Ohne diesen Höhenriß zu ignorieren, ist es sinnvoll, die endgültige Fußbodenoberkante nach einer Türschwelle auszurichten. Soll beispielsweise die Fußbodenoberkante 5 oder 10 mm unterhalb der Türschwellenoberkante liegen, werden von diesem Markierungspunkt 21 mm abgetragen (Brettstärke Fußboden). Somit liegt die Oberkante für die Schwellen fest (s. Abb. 166). Von diesem Höhepunkt aus sind alle Latten für

die Unterkonstruktion mit der Wasserwaage und unterschiedlich dicken Unterlegplättchen auszurichten (s. Abb. 167). Dabei ist mit der Wasserwaage sowohl in Querrichtung über mindestens drei Latten als auch in Längsrichtung die Höhenlage zu kontrollieren. Da bei dieser Arbeit die Latten leicht verschoben werden können, erweist sich das bereits erwähnte Hilfsbrett als sehr nützlich, da es mit den Latten verstiftet ist (s. Abb. 168). Dieses Hilfsbrett bleibt solange angestiftet, bis die Fußbodenbretter bis zur Raummitte verlegt sind.

Nach Abschluß dieser Arbeit werden die Isoliermatten ausgelegt (s. Abb. 169). In den Fällen, wo die Matten zugeschnitten werden müssen, ist wieder darauf zu achten, daß sie etwas breiter sind, damit sie stramm eingepaßt werden können (s. Abb. 170).

167

168 ▾

167 Fußbodenlatten
   mit Sperrholzplättchen
   auf gleiches
   Höhenniveau bringen

168 Angestiftetes Hilfsbrett
   verhindert ein Verschieben
   der Lagerhölzer während
   der Höhenanpassung

169 Auslegen der Isoliermatten

170 Isoliermatten
   immer etwas breiter
   als den Lattenabstand
   zuschneiden

169

170 ▼

Fußbodenbretter verlegen

Wer schon einmal einen Holzfußboden verlegt hat, kennt das: Feinstes Kiefernholz wurde ausgesucht, im temperierten Raum gelagert, gewendet, gelagert, bis die Bretter verarbeitungsfähig, also genügend »heruntergetrocknet« waren.

Nun waren aber 2 bis 3 Monate vergangen und von den fein säuberlich sortierten Brettern war ein Drittel nicht mehr zu verwenden oder nur mit erheblichem Kraftaufwand zu verlegen, weil sie sich während der Trocknungsperiode verbogen hatten.

Und wer die Fußbodenbretter ohne Trocknung verlegte, sah nach der ersten Heizperiode, wie sehr die Bretter geschrumpft waren.

Um diese Nachteile zu vermeiden – und das gilt besonders für zentralbeheizte Räume –, können nur Fußbodenbretter empfohlen werden, die auf eine Restfeuchte von rund 12% heruntergetrocknet wurden.

Um einem weiteren Nachteil (unsaubere Stöße) vorzubeugen, sollten die Bretter mit umlaufender Nut und Feder gefertigt sein. Das hat den Vorteil, daß die Bretter fortlaufend verlegbar sind: mit einem Minimum an Verschnitt!

171 Auslegen des ersten Brettes mit »Abstandhalter«

172 Erste Brettlage wandnah von oben befestigen

173 Fußbodenbrett mit dem Fuchsschwanz ablängen

174 Umlaufende Feder stirnseitig mit Leim versehen

172

173

174 ▼

Die Summe dieser Vorteile ist so erheblich, daß der höhere Preis unbedeutend wird. Allerdings ist anzumerken, daß diese Güteklasse Teil des Montagesatzes eines Ferienhauses ist oder sein sollte. Doch nun zur Praxis.

In der Abbildung 171 ist zu erkennen, daß das erste Brett nicht direkt an der Schwelle der Außenwand anliegt, sondern um Brettstärke absteht. Das hat *zwei* Gründe:

Erstens soll genügend Platz für die durchgehenden Wandprofil-Bretter (16 mm) vorhanden sein, und *zweitens* muß bei jedem Holzfußboden eine *Dehnungsfuge* eingehalten werden, die in unserem Beispiel – nach Einbau der Wandprofil-Bretter – 5 mm betragen wird. Diese Dehnungsfuge ist notwendig, weil auch das vorgetrocknete Holz »arbeitet«. Denn durch den Aufenthalt von Menschen im Raum und durch Witterungsveränderungen entstehen unterschiedliche Feuchtigkeitsgehalte in der Raumluft, auf die das Holz in der Gesamtfläche reagiert. Und damit sich das Holz in der Fläche ausdehnen kann, ist die Dehnungsfuge notwendig. Sie verhindert, daß das Holz gegen die Schwelle der Außenwände drückt und einzelne Bretter in der Fläche hochspringen. Selbstverständlich werden die Abstandhölzer nach dem Verlegen des Holzfußbodens entfernt. Ein Holzfußboden sollte nie offen, sondern verdeckt genagelt werden, um die natürliche Struktur des Holzes nicht durch Nagelreihen zu zerstören. Nur die erste Brettlage an der Wand wird von oben genagelt, wobei die Nägel so wandnah wie möglich gesetzt werden sollten, damit sie später durch die Rand- oder Fegeleiste abgedeckt werden (s. Abb. 172).

Obwohl die erste Brettlage parallel zur Wand verläuft, die vorher genau eingefluchtet wurde, kann es sinnvoll sein, die Flucht nochmals mit einer straff gezogenen Schnur nachzuprüfen. Erübrigt sich diese Prüfung, werden die ersten Bretter zusätzlich verdeckt genagelt, das heißt, schräg durch die Feder endgültig befestigt. Wird ohne Druckluftnagler gearbeitet, müssen die Stifte nach dem Einschlagen vorsichtig versenkt werden, um die Feder und Brettkante nicht zu beschädigen.

Das Endstück der ersten Reihe wird mit 1-2 mm »Luft« zugeschnitten (s. Abb. 173), das verbleibende Brettstück ist dann der Anfang der zweiten Reihe.

Das Anschlußbrett wird stirnseitig mit Leim versehen (s. Abb. 174) und eingepaßt (s. Abb. 175).

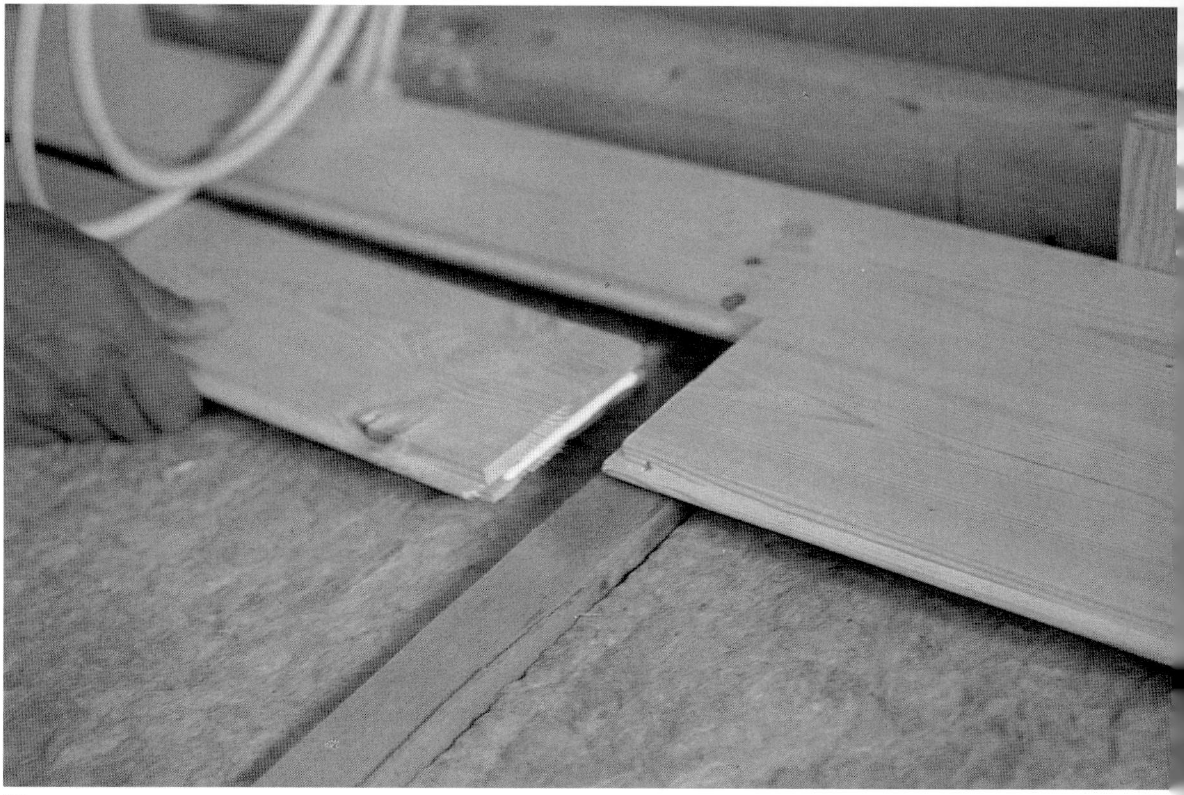

175

176 ▼

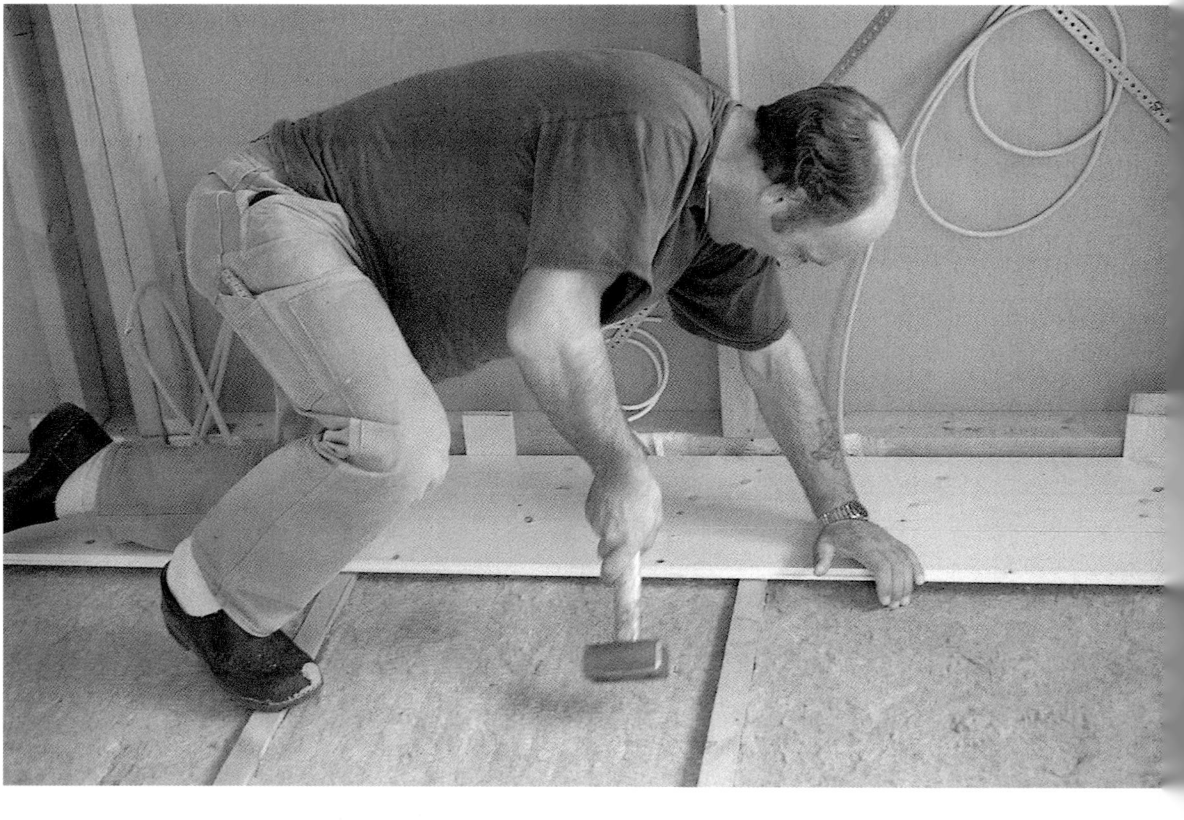

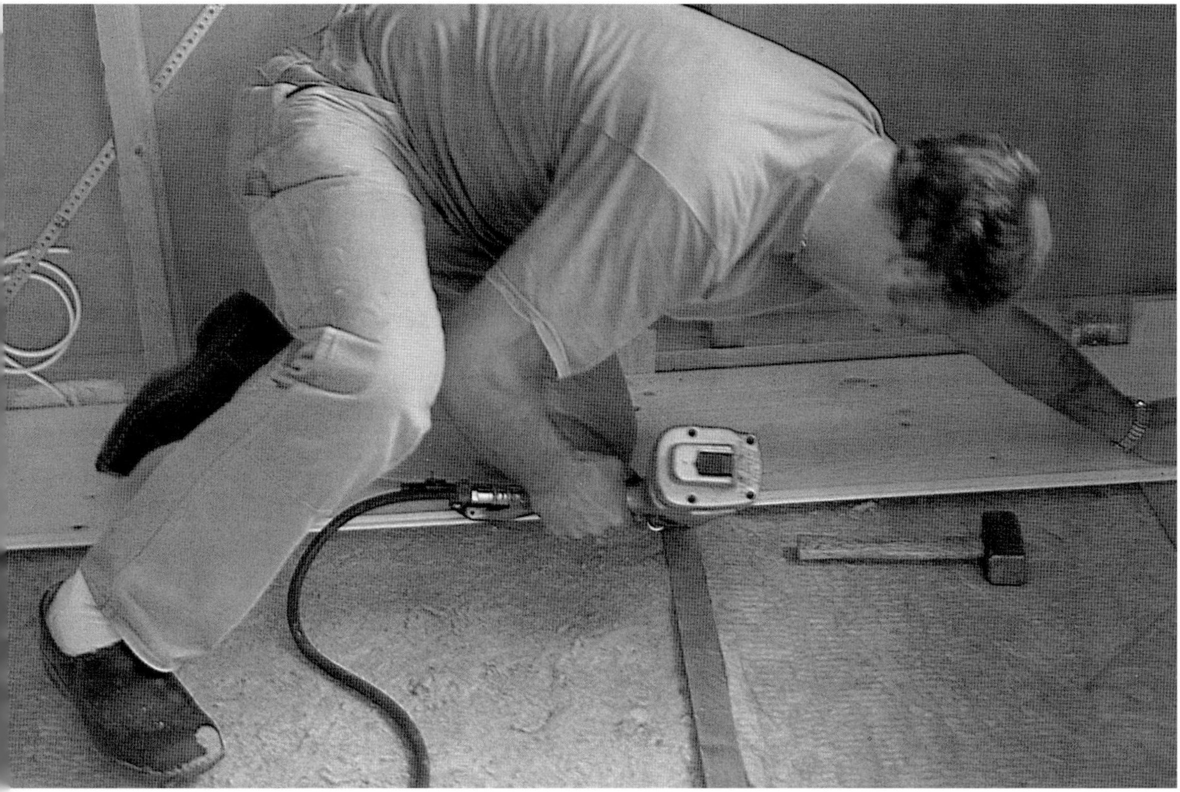

Um die Bretter fugendicht anzuschlagen wird normalerweise ein restliches Brettstück verwendet; bei vorsichtiger Handhabung kann auch mit dem Fäustel gearbeitet werden (s. Abb. 176). Abschließend wird das Nut- und Feder-Brett verdeckt genagelt (s. Abb. 177, 178).

In genau dieser Reihenfolge verlegen Sie den kompletten Fußboden, wobei für den Küchen- und Eingangsbereich Spanplatten verwendet werden. Abschließend werden die Abstandhölzer entfernt, der Fußboden gründlich gesäubert und lackiert (s. Abb. 179). Die hier verwendeten Fußbodenbretter waren vorgeschliffen und einmal grundiert, so daß ein Nachschleifen der Fläche unterbleiben konnte. Wem das aber nicht genügt, dem sei ein Nachschleifen mit feinem Sandpapier empfohlen. Und hinsichtlich der Endbehandlung ist zu raten, biologisch unbedenkliche Substanzen zu verwenden (lösungsmittelfreie Lacke).

Unabhängig davon wird der Fußboden nach dem Austrocknen mit reißfestem Papier abgedeckt und überlappend verklebt (s. Abb. 180). Diese Papierabdeckung schützt nicht nur den fertigen Fußboden während der Innenausbauarbeiten, sondern ist gleichzeitig Unterlage für den Aufriß der Innenwände.

175 **Einpassen des Anschlußbretts**

176 **Vorsichtiges fugendichtes Anschlagen der Fußbodenbretter**

177 **Verdecktes Nageln mit dem Druckluftnagler**

178 **Stoßverbindung nach dem Nageln (mit Leimtropfen)**

177

178

179   Endlackierung des Holzfußbodens

180   Fußboden mit Papier schützen

Vor dem Aufstellen der Innenwände sind die vorverlegten Elektrokabel nach dem Installationsplan in den Wänden zu verlegen. Auch hier zeigen sich wieder die Vorteile der Holzbauweise: Mit einfachen Bohrungen in Ständerwerk lassen sich mühelos die Kabel verlegen. Diese Bohrungen sind im Wandbereich so weit wie möglich zur Außenwand hin vorzunehmen, damit die Isolierung nicht unnötig belastet wird (s. Abb. 181).

Nach dem Verlegen der Elektrokabel werden *alle* Gefache der Außenwände mit Isoliermatten ausgefüllt (s. Abb. 182, 183).

Nach der seit 1984 geltenden *2. Wärmeschutzverordnung* ist eine Dämmstärke von 100 mm ausreichend. Für einen künftigen Wärmeschutz sind aber 150 bis 160 mm zu empfehlen. Dies kommt auch der derzeit vorbereiteten neuen Wärmeschutzverordnung entgegen.

Damit die raumseitige Luftfeuchtigkeit nicht in die Wärmedämmung eindringt und kondensiert – eine Kondensation des Wasserdampfes in der Isolierschicht würde die Dämmwirkung erheblich reduzieren – ist eine *Dampfsperre,* auch *Dampfbremse* genannt, wandflächig zu verlegen. Hierfür eignen sich *Bitumenpappen, gewebeverstärkte Pappen* oder *PE-Folie aus Kunststoff.* In unserem Beispiel wurden die Wände mit einer PE-Folie (0,15 mm) vollflächig abgedeckt (s. Abb. 184).

181   Kabelführungslöcher durch die Ständer bohren

182

183

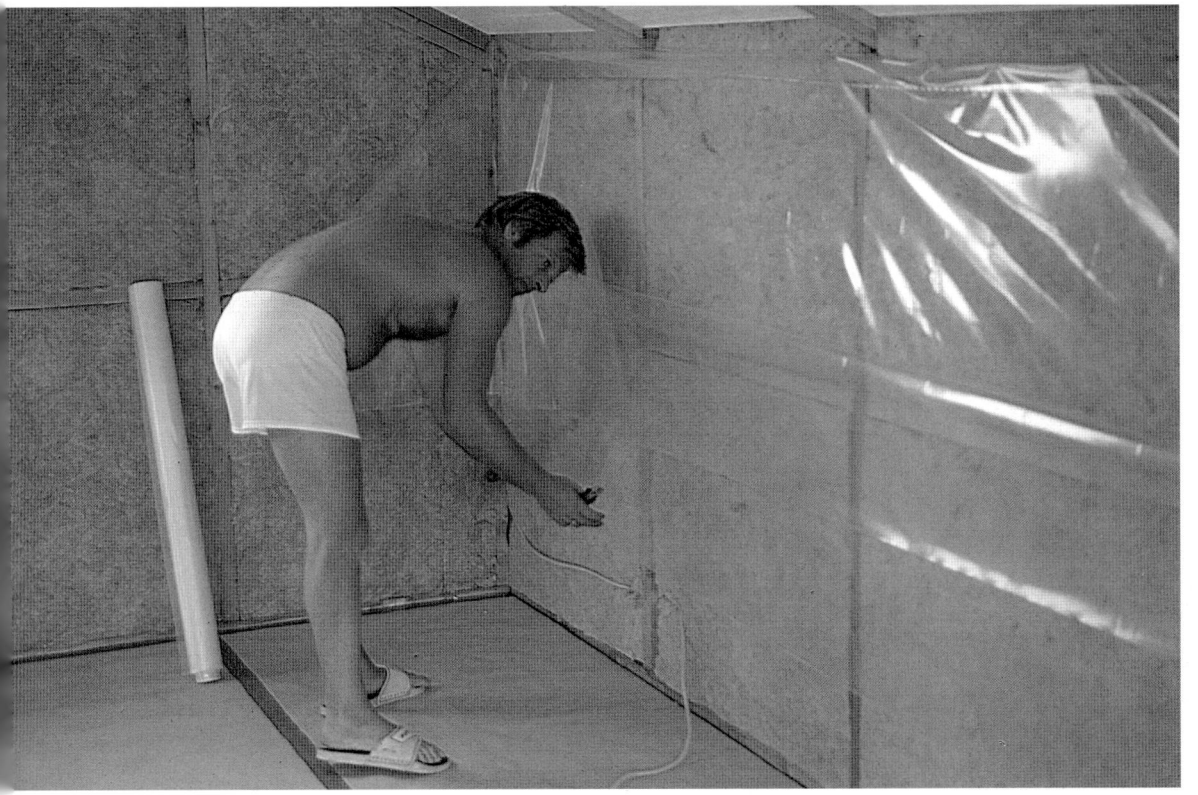

182 Gefache mit Isoliermatten ausfüllen

183 Auch kleinste Wandöffnungen sind mit Mineralwolle auszufüllen

184 Ständerwerk und Isolierung mit einer Dampfsperre versehen und abdecken

Unterkonstruktion

Planungsgrundlage für das Aufstellen der Innenwände ist die Grundrißzeichnung im Maßstab 1 : 100, besser jedoch ist eine Zeichnung im Maßstab 1 : 50 (s. Abb. 185).
Darüber hinaus stellen Ferienhaushersteller Grundrißpläne zur Verfügung, die ausschließlich für diesen Arbeitsablauf gezeichnet wurden (s. Abb. 189). Diese Zeichnungen werden ergänzt durch Wandflächenaufmaße, die detailliert die Anzahl der Wandprofil-Bretter je Innenwand angeben (s. Abb. 190).

In der handwerklichen Praxis beginnt man zunächst damit, die Innenwände auf dem Fußboden – in unserem Beispiel auf der schützenden Papierlage – genau einzumessen und zu markieren. Mit der Wasserwaage werden diese Grundrißlinien auf Wand und Decke übertragen (s. Abb. 186, 187).
Um eine genaue Montagelinie zu erhalten, werden die beiden Endpunkte der Innenwand auf dem Fußboden mit einer Schlagschnur verbunden, die nach dem »Anschlagen« die äußere

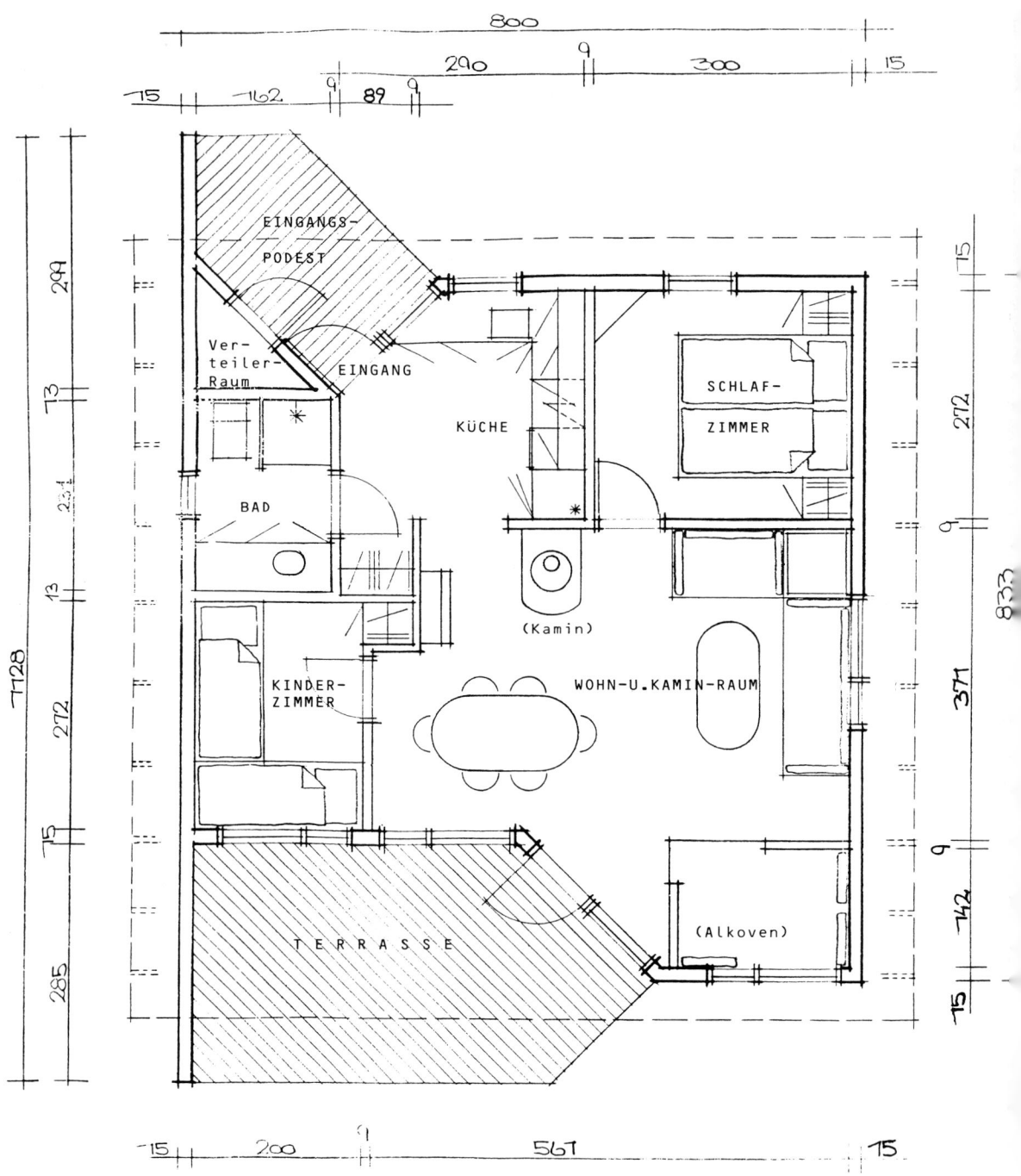

**185 Grundrißzeichnung
im Maßstab 1:50**

186 **Eingemessenen Punkt vom Fußboden
auf die Wand übertragen**

187 **Höhenübertragung am Pfettenständer**

188 **Montagelinie für die Innenwand mit der
Schlagschnur »anschlagen«**

186

187 ▼

188 ▼

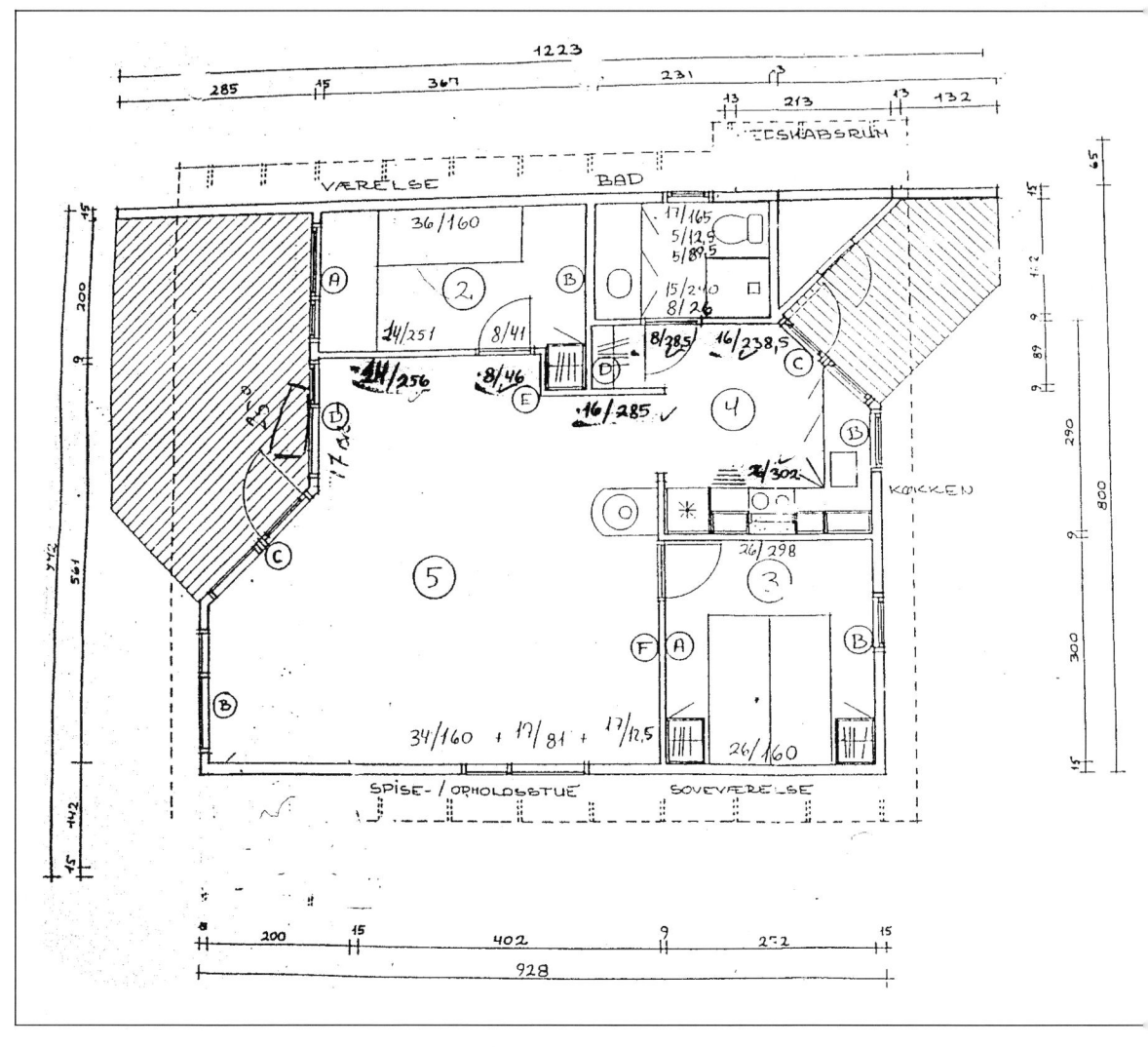

189 Grundrißplan
für das Aufstellen der Innenwände
im Maßstab 1:50

190 Wandflächen-Aufmaße

Wandflucht kennzeichnet (s. Abb. 188). Auf dieser Montagelinie wird nun die Türöffnung eingemessen und markiert (s. Abb. 191).

Wandseitig kann nun das erste Rahmenholz lotrecht gegen den Ständer befestigt werden (s. Abb. 192). Parallel dazu wird auch der Pfettenständer mit einem Rahmenholz versehen. Danach erfolgt der Zuschnitt der Grundlatte (s. Abb. 193), die bündig entlang der Montagelinie zu befestigen ist (s. Abb. 194).

Anschließend wird die dachseitige Latte eingemessen und montiert (s. Abb. 195).

Im nächsten Schritt werden die Türrahmenlatten mit Wasserwaage und Zollstock gemessen, zugeschnitten und mit den bereits vorhandenen Rahmenhölzern verbunden (s. Abb. 196). Die Querriegel der Innenwand-Unterkonstruktion sollten in den Höhen so befestigt werden, daß die Isoliermatten stramm eingepaßt werden können, das heißt, die Zwischenmaße sind immer um 5 bis 10 mm kürzer als die Maße der Isoliermatten umzusetzen.

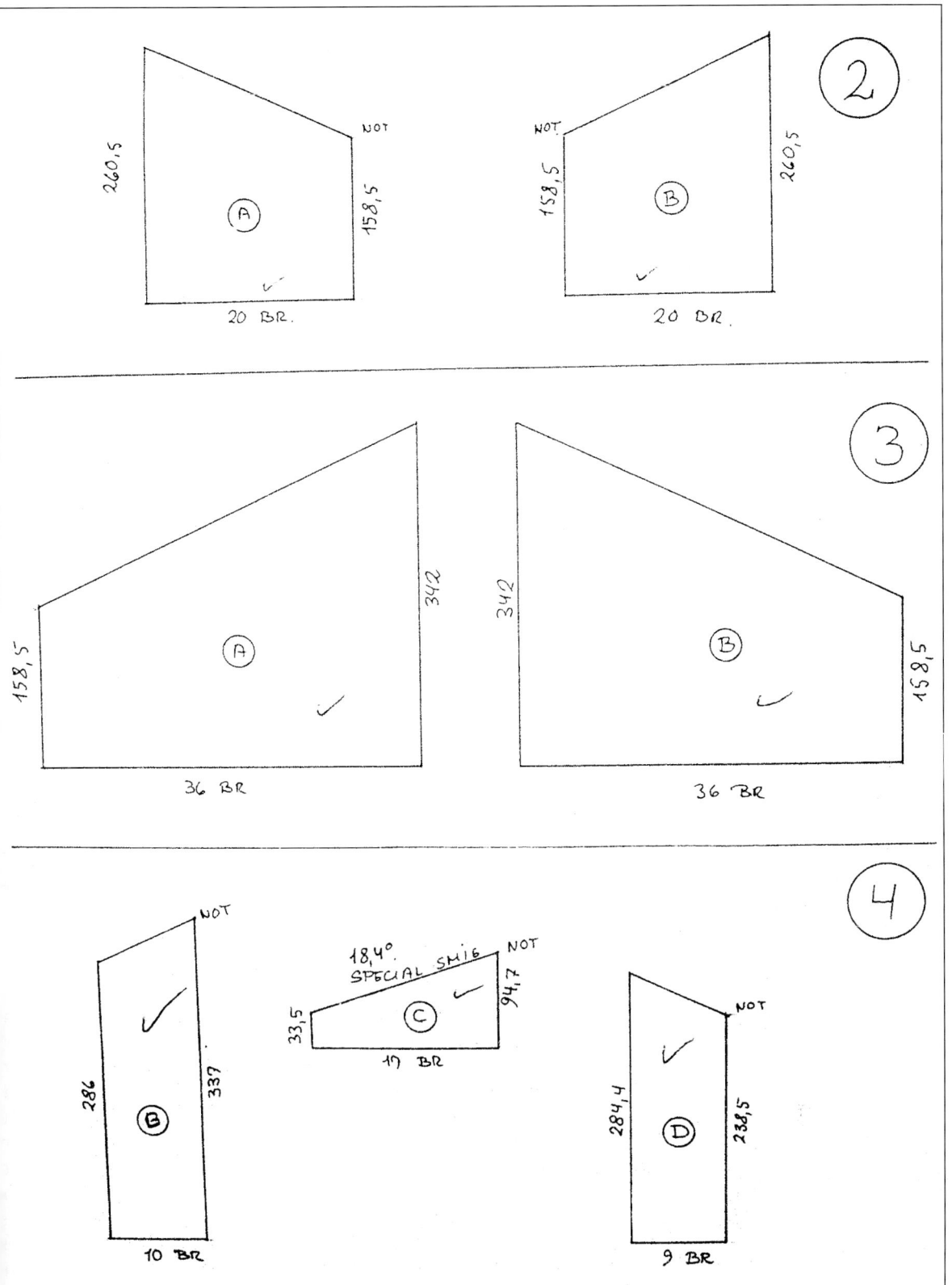

②

260,5 NOT 158,5 Ⓐ 20 BR.

NOT 158,5 Ⓑ 260,5 20 BR.

③

158,5 Ⓐ 342 36 BR

342 Ⓑ 158,5 36 BR

④

NOT 286 337 Ⓑ 10 BR

18,4° SPECIAL SM16 NOT 33,5 Ⓒ 94,7 17 BR

NOT 284,4 Ⓓ 238,5 9 BR

191 Einmessen und Markieren der Innentüröffnung

192 Rahmenholz wandseitig befestigen

193 Rahmenhölzer mit dem Fuchsschwanz ablängen

194 Grundlatte maßgenau zugeschnitten und entsprechend der Schlagschnur-Markierung montiert

195 Dachseitige Unterkonstruktionslatte befestigen

196 Einmessen der Latten für die Türöffnung

197 Unterkonstruktion einer Innenwand mit Türöffnung

194

195

196

197 ▼

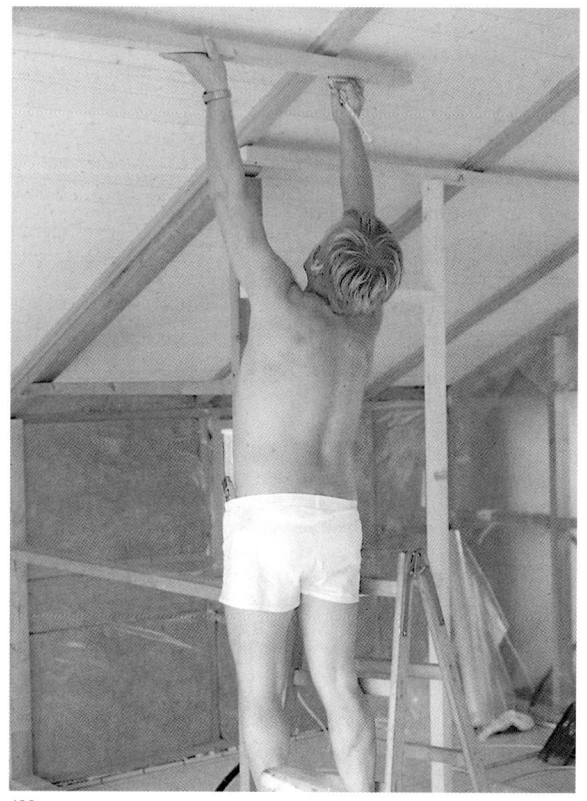

198
199

In der Abbildung 197 wird deutlich, daß zu diesem Zeitpunkt bereits die Kabelverlegung vorbereitet wird. Dafür sind wieder Bohrungen notwendig, damit die Leitungen im Wandinneren verlegt werden können.

Bei Innenwänden, die quer zu den sichtbaren Sparren aufzustellen sind, müssen die dachseitigen Querhölzer der Unterkonstruktion präzise ausgeklinkt werden (s. Abb. 198), damit sie am Sparren nicht schräg (Dachneigung!), sondern rechtwinklig zur lotrechten Rahmenkonstruktion montierbar sind. Für erfahrene Handwerker ist das sicherlich kein Problem; für den handwerklich begabten Bauherrn eine kleine Herausforderung, die bei notwendiger Konzentration – vielleicht auch mit Hilfe einer Schreinerschmiege – lösbar ist.

Der handwerklich erfahrene Leser weiß, daß diese Ausklinkung mit Sägeschnitt und Stemmeisen auszuführen ist und abschließende Korrekturen erfordert, bis dieses Teil der Unterkonstruktion maßgenau eingepaßt werden kann. Erst dann kann das Querholz abgefangen werden.

In der handwerklichen Praxis wird die das Querholz abfangende Latte selbstverständlich so präzise zugeschnitten, daß sie als Ständer verwendet werden kann. Voraussetzung dafür ist, daß Grundlinie und Eckpunkt vorher auf dem Boden (beziehungsweise auf dem Papier) maßgenau eingezeichnet wurden.

Vor dem Ausfachen der Unterkonstruktion mit Isoliermatten muß die Kabelverlegung abgeschlossen und im Bad die Entlüftungsrohr-Montage vorbereitet sein. Dazu muß in die Unterkonstruktion und Decke ein passender Durchlaß gesägt werden (s. Abb. 201).

Damit die Feuchtigkeit im Badezimmer nicht in die Isolierung dringen kann, werden alle Wände von innen mit einer dampfundurchlässigen Folie (Feuchtigkeitssperre!) abgedichtet. Das Bad wird später mit druckimprägnierten, 22 mm starken Nut- und Federbrettern ausgekleidet.

200

201 ▼

198 Sparrenausklinkung am dachseitigen Rahmenholz präzise anreißen

199 Dachseitiges Rahmenholz mit Latten abfangen und justieren

200 Unterkonstruktion der Innenwände kurz vor der Fertigstellung

201 Rohrführungslöcher für Badentlüftungsrohre aus der Unterkonstruktion und Decke sägen

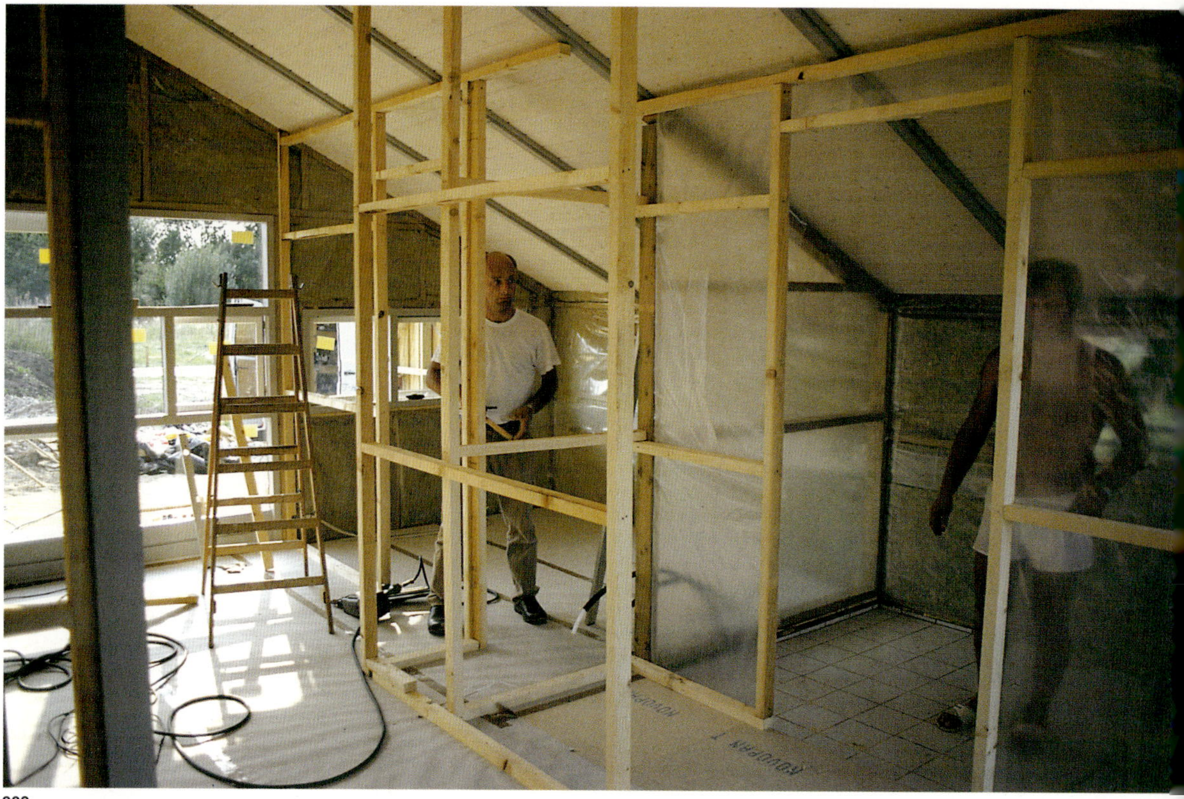

202

203 ▾

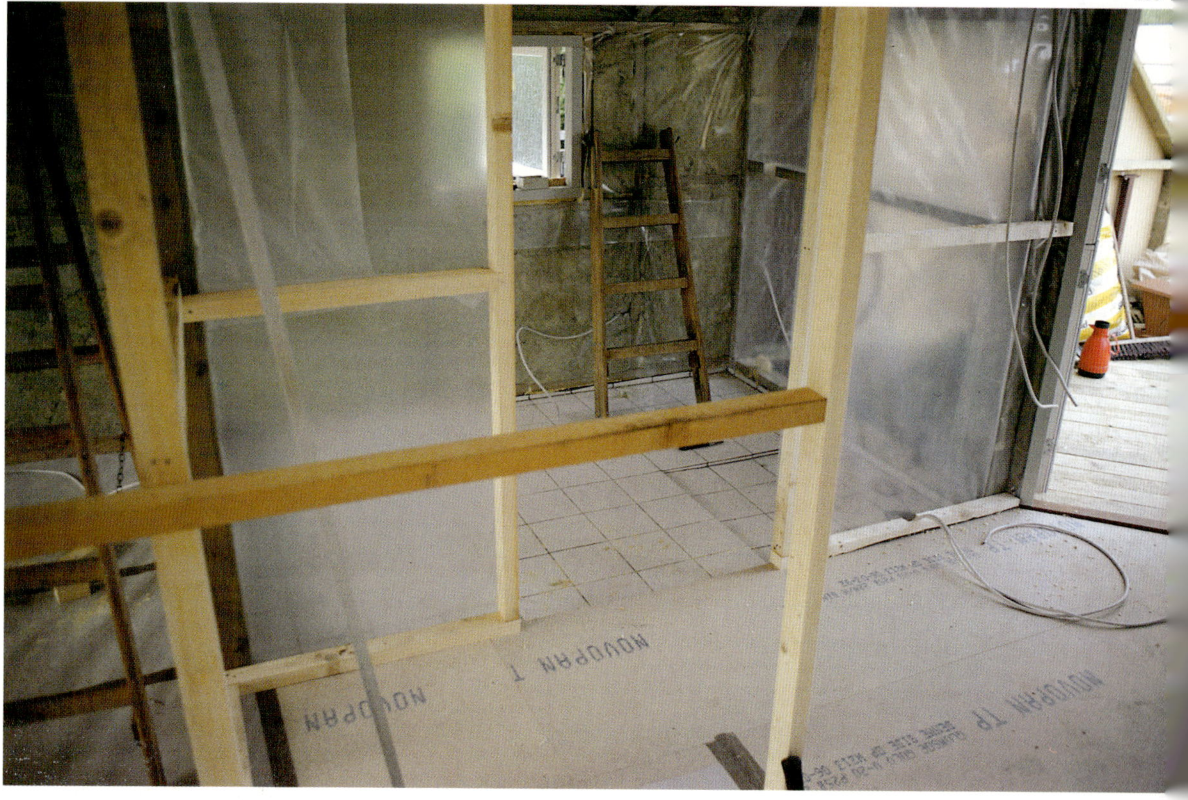

erkleidung der Innenwände

s wurde bereits darauf hingewiesen, daß für den
ufbau der Innenwände nicht nur spezielle
Grundrißzeichnungen, sondern auch Wandflä-
henaufmaße verwendet wurden (s. Abb. 190).
us ihnen gehen nicht nur die einzelnen Höhen-
aße, sondern auch die Anzahl der zu verwen-
enden Profilbretter je Wand hervor.
Da man auch hier von seiten des Herstellers
eine Risiken eingehen will, sind die Profilbretter
xakt vorgeschnitten, endbehandelt und je Wand
u einem Paket in schützender Folie verpackt
s. Abb. 204, 205).
n ersten Arbeitsgang werden die isolierten
ußenwände mit Profilbrettern versehen, wobei
 bis auf die jeweiligen Anfangsbretter (s. Abb.
06) – ausschließlich verdeckt genagelt wird. Bei

02+203 Feuchtigkeitssperre im Bad

**04 Ab Werk vorgeschnittene Profilbretter
für die Innenverkleidung**

**05 Ab Werk vorgeschnittene und endlackierte
Deckleisten und Pfosten**

204 ▲   205

den wandseitigen Profilbrettern ist darauf zu achten, daß die einzelnen Bretter vor der Befestigung hinter die Deckenelemente geschoben werden (vgl. dazu Seite 55 und die Abb. 91). An allen übrigen Wänden, auch den Innenwänden, ist die Profilschalung mit der Deckenverkleidung bündig anzubringen (s. Abb. 207).

Die Innenwände werden zunächst einseitig mit Profilbrettern versehen (s. Abb. 208, 209), flächig isoliert (s. Abb. 210) und dann auf der Gegenseite verkleidet (s. Abb. 211). Da die Wandverkleidung aufgrund der Vorfertigung sehr zügig vorangeht, können die Elektroinstallationen bereits komplettiert werden (s. Abb. 212).

Trotz des hohen Grades an Vorfertigung sind neben den Montagearbeiten typische Schreinerarbeiten auszuführen: Ausklinkungen sind freizusägen (s. Abb. 213), Eckbretter sind glattkantig zu hobeln (s. Abb. 214), Winkelzuschnitte müssen passend nachgehobelt werden und Fugen sind mit Acryldichtungsmasse dauerhaft zu schließen (s. Abb. 215).

206 **Offene Nagelung am Eckbrett**

207 **Profilbretter bündig mit der Deckenverkleidung; Eckstöße offen**

208+209 **Einseitige Verschalung mit Profilbrettern**

210 **Isolieren der Innenwand**

211 **Isolierte Innenwand mit Profilbrettern abdecken**

206

20

207 ▼

Zu den abschließenden Schreinerarbeiten gehört
aber auch die Vertäfelung des Badezimmers mit
druckimprägnierten Nut- und Federbrettern, die
nach der Wasser- und Elektroinstallation ausgeführt wird.

13 Ausklinkung auf der Tischkreissäge
14 Eckbrett glattkantig hobeln
15 Fugen mit Acryldichtungsmasse
     winddicht abdichten

214   215 ▼

Hinzu kommt der Einbau eines Alkoven-Podestes, das aufgrund vorgefertigter Elemente ebenfalls problemlos in Eigenleistung montiert werden kann (s. Abb. 218).

Nach Abschluß der Innenausbauarbeiten präsentiert sich eine Ferien(Holz)haus-Atmosphäre, wie man sie sich nicht nur für den Urlaub und das Wochenende wünscht, sondern wie man sie täglich erleben möchte.

Zum Bausatz eines Ferienhauses gehören selbstverständlich alle Bad- und Küchenelemente, die mit Hilfe mitgelieferter Montageanleitungen problemlos in Eigenleistung installiert werden können (s. Abb. 222).

216   **Typische Innenausbau-Atmosphäre während des Innenausbaus**

217   **Nut- und Federbretter für die Badinnenverkleidung**

218   **Montage des Alkoven im Wohn- und Kaminraum**

219   **Wohn- und Kaminraum mit Alkoven**

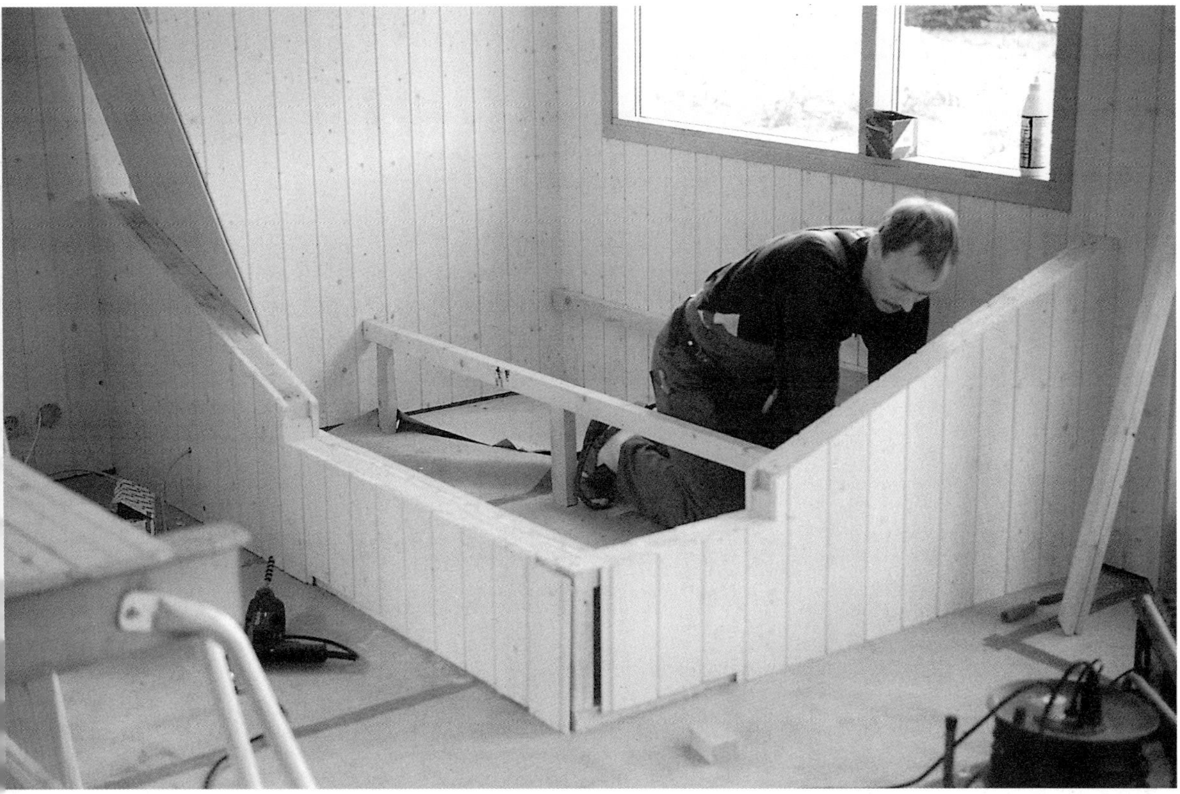

218

219 ▼

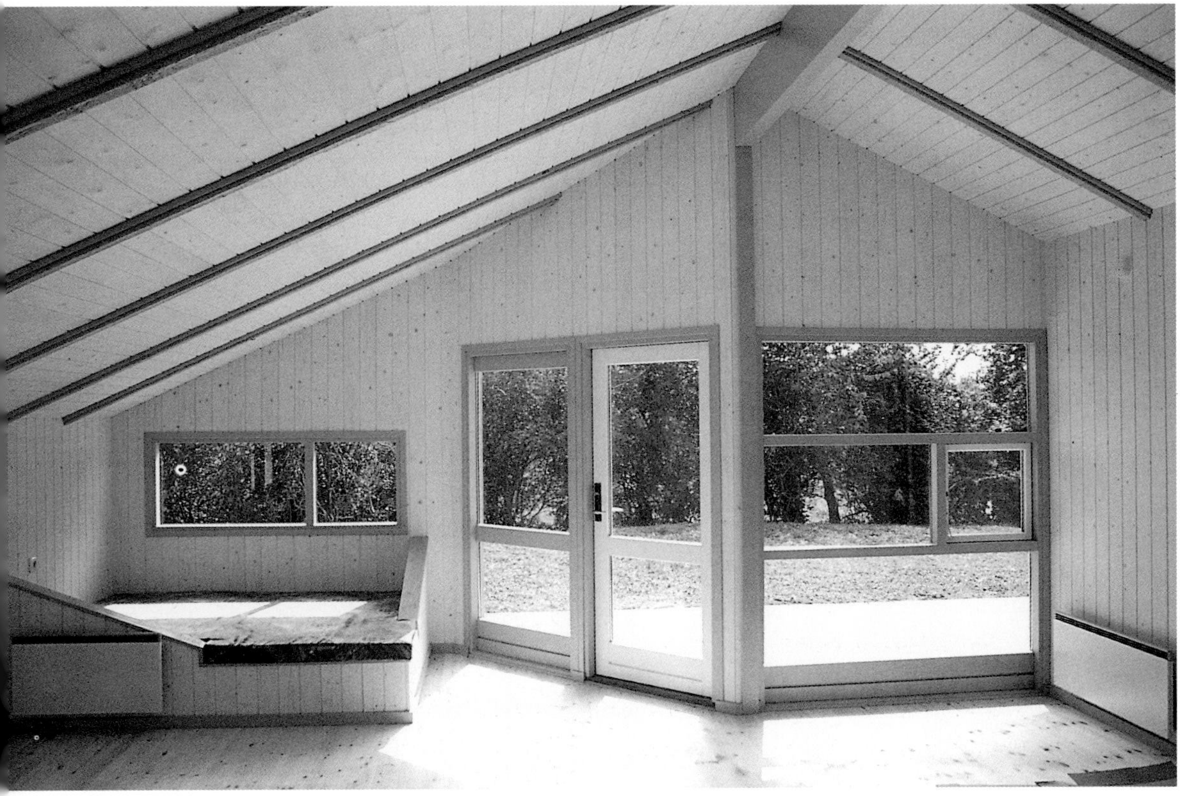

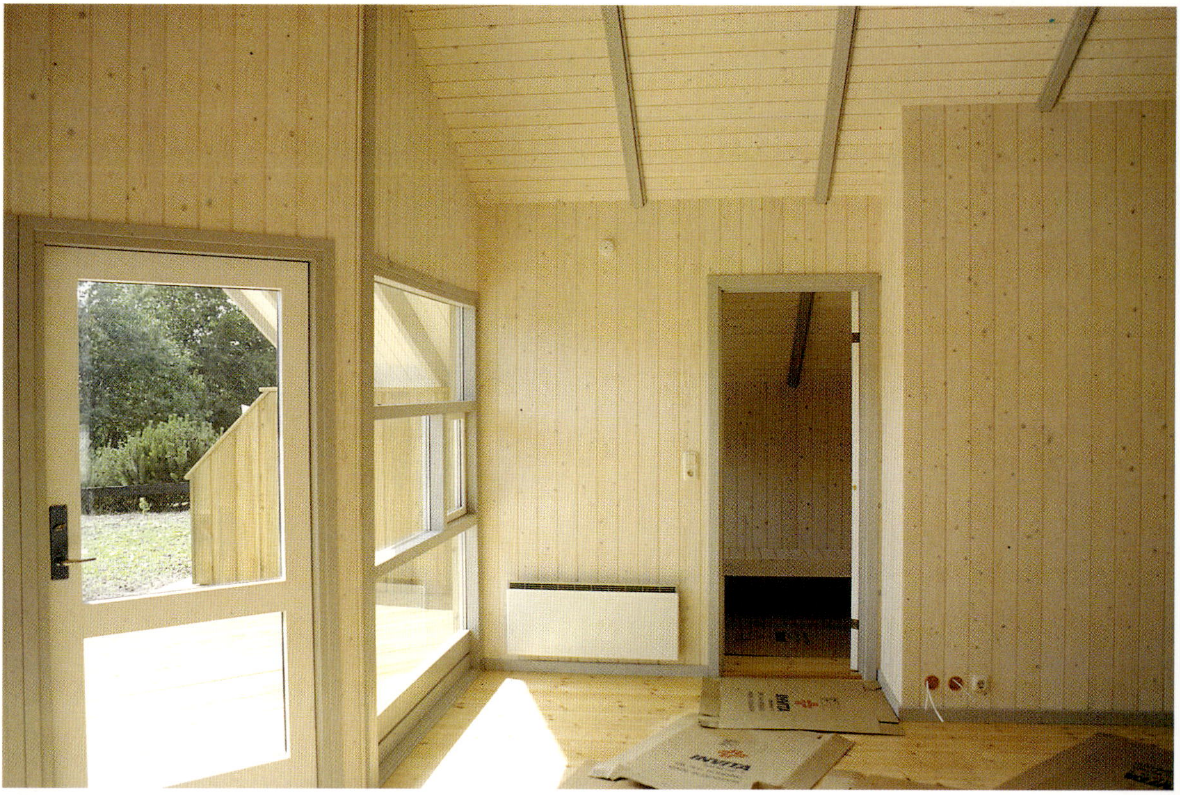

220

221

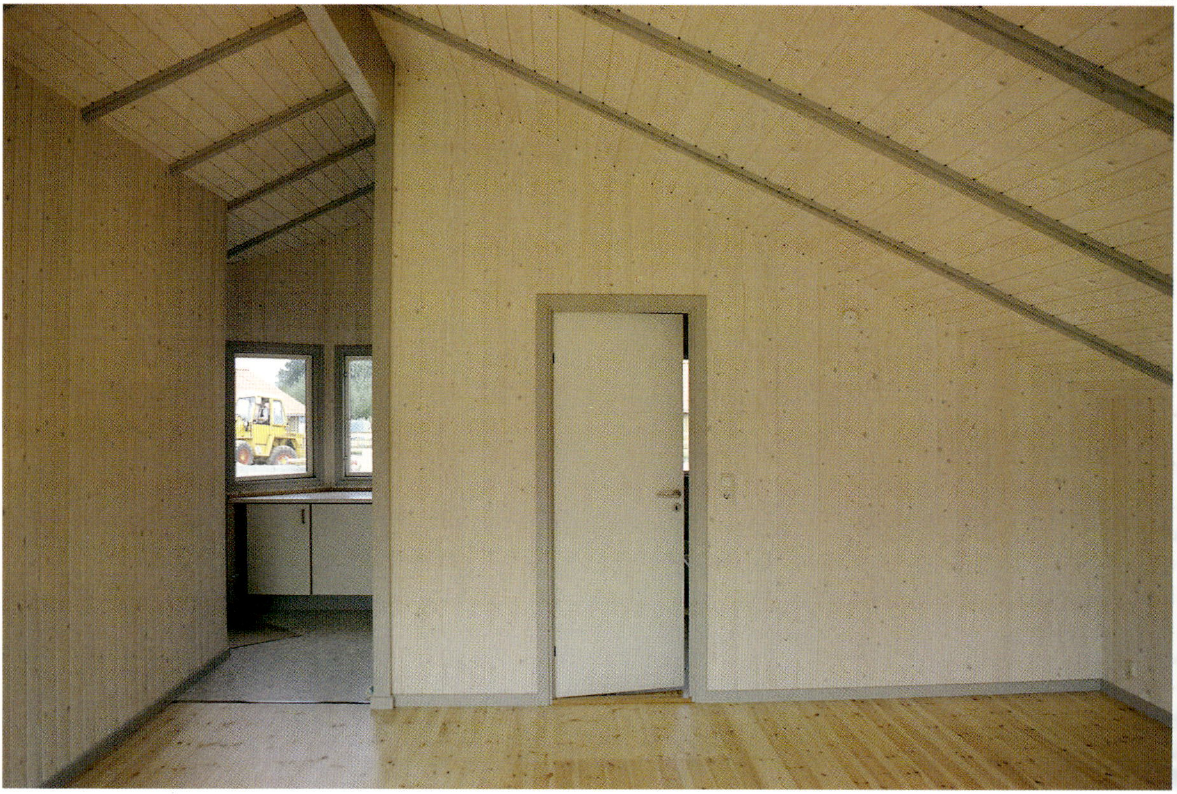

222

220   Wohnraum mit Blick auf die Kinderzimmertür

221   Wohnraum:
       Mittelgang zur Küche, rechts Schlafzimmertür

222   Montierte Küchenzeile mit Blick
       auf den Wohnraum

Abschließende Holzarbeiten im Außenbereich

Nachdem alle notwendigen Arbeiten des Innenausbaus erledigt wurden, sind im Außenbereich
die Sicht- und Windschutzwände im Terrassen-
und Eingangsbereich zu vervollständigen.
Diesen abschließenden Arbeiten gehen aber
noch Verschalungs- und Dichtungsarbeiten an
den Giebelseiten oberhalb der Fensterelemente
voraus, deren Flächen vorher mit einer Windsperre zu versehen sind, bevor die Kriech- und
Deckerschalung angenagelt wird (s. Abb. 225).

Die Fertigstellung der Wind- und Sichtschutz-
wände im Terrassen- und Eingangsbereich wird
insofern erheblich erleichtert, weil diese Elemente
als Teil der Außenwand bereits fest montiert sind.
Außerdem sind die Außenflächen bereits mit einer
Kriech- und Deckerschalung werkseitig versehen.
Auf die verbleibende Verschalung soll kurz einge-
gangen werden, wobei wir uns auf den kompli-
zierteren Eingangsbereich beschränken.
Wie aus dem Grundriß zu ersehen (s. Abb. 1),
befindet sich rechts von der Eingangstür ein klei-

ner, dreieckiger Raum, in dem sich alle zentralen Elektroinstallationen (Hausanschluß, Stromzähler und Steuergeräte) befinden. Dieser Raum ist durch eine Außentür zugänglich, die ebenfalls in Kriech- und Deckerschalung ausgeführt ist. Rechts von dieser Tür ist nun die Holzverschalung zu komplettieren. Hierfür sind drei Hilfsmittel wichtig (s. Abb. 226), die die Montage dieser Holzvertäfelung erheblich erleichtern: eine Distanzleiste, diverse Zwischenstücke und ein Hilfsbrett mit einem entsprechenden Winkelzuschnitt.

223 **Sicht- und Windschutz der Terrasse (nach Fertigstellung)**

224 **Sicht- und Windschutz am Eingangsbereich, mit Eingangspodest (rechts im Bild)**

225 **Abdichten offener Giebelflächen mit einer Windsperre aus gewebeverstärktem Papier- oder Kunststoff-Material**

223

224 ▼   225

Im unteren Bildteil der Abbildung 226 ist die flachliegende *Distanzleiste* zu sehen. Sie sorgt dafür, daß die senkrechten Bretter und das Zwischenstück zwischen den »Kriecher-Brettern« in gleich hohem Abstand zum Holzpodest befestigt werden. Mit diesem Abstand wird verhindert, daß Feuchtigkeit in den Brettern hochsteigt.

Das *Zwischenstück* wird jeweils unten angenagelt; damit ist der Abstand zwischen den Brettern der Kriecherschalung immer gleich breit. Außerdem verhindert dieses Brettstück, daß Kleintiere in der Schalung emporwandern.

Und das Hilfsbrett ist bereits so eingeschnitten, daß es dem Dachneigungswinkel entspricht. So wird das Abmessen der einzelnen, unterschiedlich langen Bretter erheblich erleichtert (s. Abb. 227).

Der Arbeitsablauf für die Kriech- und Deckerschalung beginnt mit der Befestigung des Zwischenstücks oberhalb der Distanzleiste (s. Abb. 228 und 231). Gegen das Zwischenstück wird »das Kriecher-Brett« – auf der Distanzleiste aufliegend – in Lot gestellt und angenagelt (s. Abb. 229). Danach wird mit dem Deckbrett (»Decker«), das auch auf der Distanzleiste aufliegt, die Lücke zwischen den »Kriecher-Brettern« geschlossen.

An der Übergangsstelle, wo die Verschalung unterhalb der Traufe auf die freistehende Wand übergeht, ist eine Sonderkonstruktion erforderlich, sozusagen ein besonderes Anschlußstück (s. Abb. 230). Interessant an diesem Detail ist der fugendichte Übergang von der Sparrenaußenkante zur witterungsoffenen Sichtschutzwand, die oben mit einem Deckbrett abgeschlossen wird. Zu erkennen ist aber auch die bereits befestigte Kriecherschalung (s. Abb. 230, rechts), die bis zum Wandende montiert wird.

226 Die für die Verschalung wichtigen Hilfsmittel: Distanzleiste, Zwischenstück und Hilfsbrett

227 Anlegen des zugeschnittenen Hilfsbretts zur Längenmessung

226

227

228

229 ▼

230

231

228 Befestigung des Zwischenstücks

229 Deckbrett auf Kriecher-Bretter lotrecht anlegen
     und festnageln

230 Anschlußstück (oben rechts) zwischen
     geschützter und offener Holzschalung

231 Befestigung des Zwischenstücks
     mit dem Druckluftnagler

Bei der Verschalung der Sichtschutzwand sind die gleichen Arbeitsgänge zu wiederholen, da auch hier die Kriech- und Deckerschalung angewendet wird. Das heißt also: Befestigung der Zwischenstücke (s. Abb. 231, 232), Einloten und Befestigen der »Kriech-Bretter« (s. Abb. 233) und das Abdecken mit den Deckbrettern (s. Abb. 234).
Um die abfallende Schräge geradlinig freisägen zu können, wird der Sägeschnitt mit dem Wasser-

waagerücken markiert (s. Abb. 235) und mit der Handkreissäge abgeschnitten (s. Abb. 236, 237). Als Witterungsschutz wird die Außenwand mit einem Deckbrett versehen (s. Abb. 238). Stirnseitig wird die Sichtschutzwand mit einem Brett in passender Breite ergänzt (s. Abb. 239). Abschließend wird das Deckbrett mit dem Fuchsschwanz abgelängt.
In der gleichen Reihenfolge wird die Terrassenwand ergänzt. Danach ist das Haus bezugsfertig.

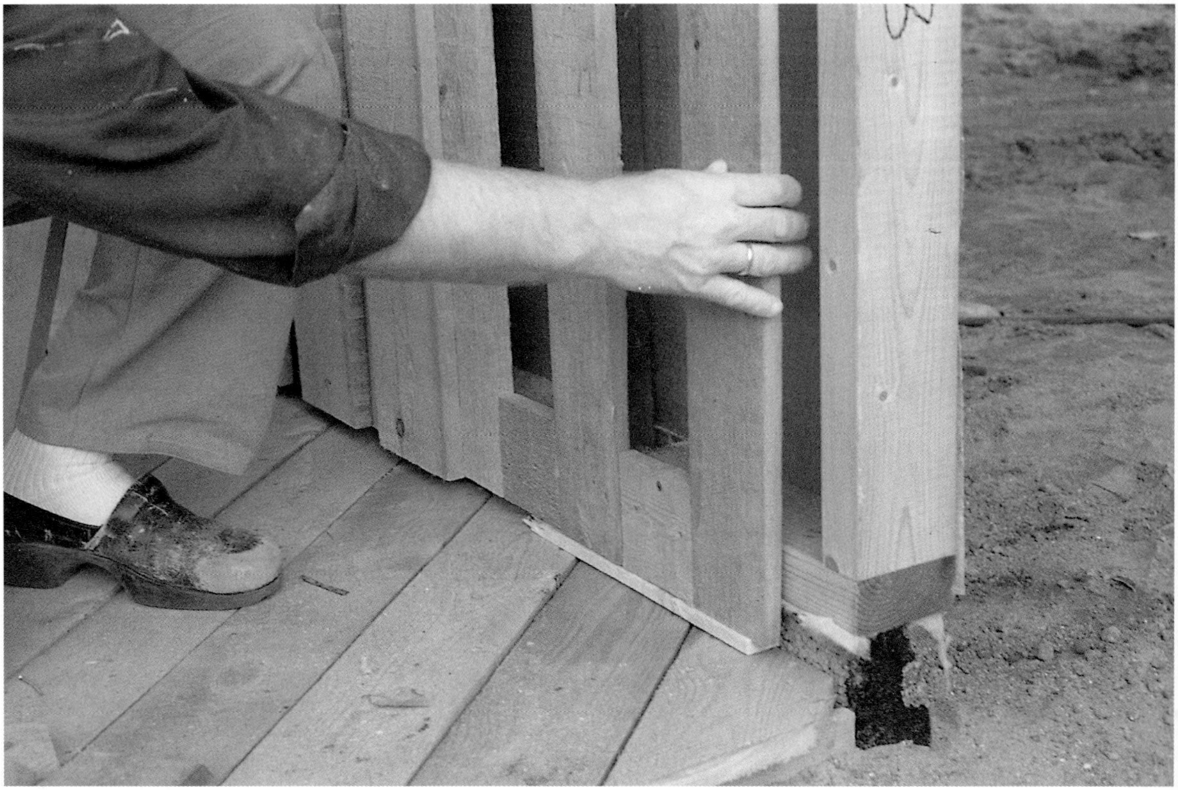

232

233 ▼

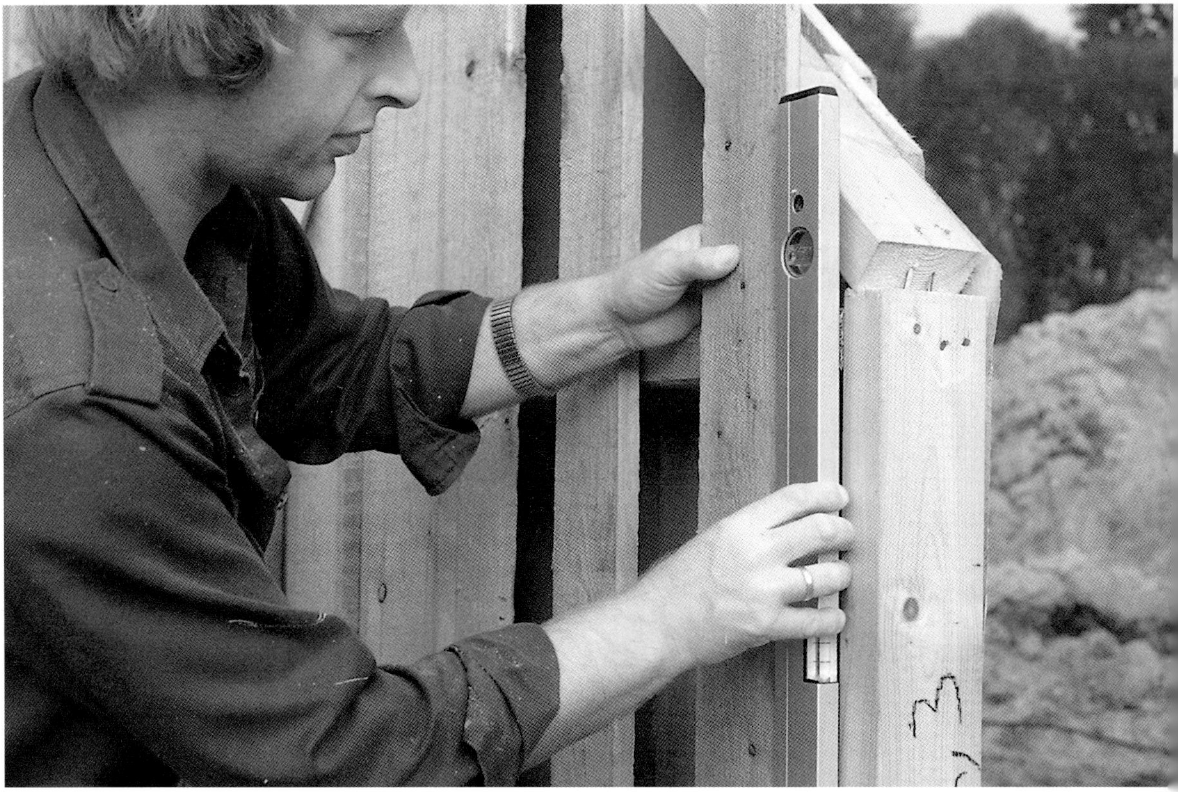

232 Zwischenstücke und Kriecherschalung
auf der Distanzleiste

233 »Kriecher-Bretter« einloten und befestigen . . .

234 und mit den Deckbrettern abdecken

235 Anreißen der abfallenden Wandschräge

234

235 ▼

236

238 ▼

237

239

0

Nachbemerkung und Preise

Der Leser fragt sich natürlich, ob er in der Lage ist, alle beschriebenen handwerklichen Arbeiten selber auszuführen. Um die Antwort gleich vorwegzunehmen: Sicherlich nicht – und dennoch kann nach den geschilderten Arbeitsabläufen, die sich in gleicher oder ähnlicher Form bei Holzhäusern dieser Art wiederholen, entschieden werden, welche Baumaßnahmen in Eigenleistung erbracht werden können.

Wer sich für ein Holzhaus dieser Größenordnung entscheidet, sollte im Gespräch mit dem Anbieter klären, welche Baumaßnahmen in Eigenarbeit möglich sind und welche Kosten dann konkret aus dem Angebotspreis herausgenommen werden.

Auch ist zu klären, welche Planungs- und Ausführungszeichnungen zur Verfügung gestellt werden können. Hinzu kommt die Klärung der Gewährleistungen.

Das folgende Beispiel der Firma »Skanbo-Häuser«, die nicht nur schlüsselfertige Ferienhäuser anbietet, sondern auch bestimmte Baumaßnahmen auflistet, die in Eigenleistung erbracht werden können, macht deutlich, wo gespart werden kann:

Baumaßnahme	Schlüsselfertig DM	Ausbauhaus DM	Mitbauhaus DM
Bausatz und Außenmontage	85 000,—	85 400,—	82 700,—
Innenausbau	inklusiv	inklusiv	exklusiv
Erker	inklusiv	inklusiv	inklusiv
Dreieckfenster	inklusiv	inklusiv	inklusiv
Fundament	14 600,—		
Elektroinstallation	4 600,—		
Sanitärinstallation	4 600,—		
Fliesenarbeiten	2 450,—		
Konvektorenheizung	2 520,—		
Summen	113 770,—	85 400,—*	82 700,—*

* ohne Fundament

Zum Lieferumfang dieses Haustyps gehören: Holzterrassenboden, Einbauküche (ohne E-Geräte) und Einbauschränke in den Schlafzimmern. Auf Wunsch werden der Schornstein, Bodenbeläge sowie Maler- und Tapezierarbeiten angeboten.

Im Gegensatz dazu wird das in diesem Buch ausführlich beschriebene Ferienhaus schlüsselfertig mit kompletter Küchen-, Bad- und Wohneinrichtung, einschließlich Mobiliar und Grundstück für DM 160 000,— angeboten. Ohne Grundstück- und Erschließungskosten reduzieren sich die Kosten für den fertig montierten Bausatz, einschließlich Fundament, auf rund DM 104 500,—.

Der Anbieter dieses Hauses, die »Nord-Immobilien«, Rendsburg, geht aber noch individueller auf den handwerklich begabten Käufer ein, indem sie das Bauteam (zwei Handwerker) »stundenweise« anbietet. Das heißt, für das schlüsselfertige Haus sind insgesamt etwa 150 Montagestunden erforderlich. Der Bauherr kann nun zwischen 20, 40 oder 60 Montagestunden wählen, in denen bestimmte Baumaßnahmen ausgeführt werden, also ein weites Betätigungsfeld für Eigenleistungen (und Einsparungen).

Auf jeden Fall lohnt es sich, mit dem Anbieter darüber zu reden, welche Eigenleistungen »realistisch« sind.

Anhang

Literatur

Arbeitsgemeinschaft Holz, *Holzrahmenbau,* Düsseldorf 1989
Eternit AG, *Planung und Anwendung Dächer,* Berlin 1990
Klaus Fritzen u. a., *Holzrahmenbau Praxis,* Karlsruhe 1990
Fulgurit Baustoffe GmbH, *Baublätter Dächer,* Wunstorf 1987
Franz Krämer, *Grundwissen des Zimmerers,* Karlsruhe 1991
Hans Nestle, *Bautechnik,* Schwäbisch-Gmünd 1991
Time Life Books, *Cabins and Cottages,* Chicago 1982

Bildnachweis

Der Abdruck des Lageplanes (Abb. 2) und des Fundamentplanes (Abb. 4 oben) erfolgt mit freundlicher Genehmigung der Firma »Nord-Immobilien«, Rendsburg. Den Fundamentplan (Abb. 4 unten) stellte freundlicherweise die Firma »Skanbo« zur Verfügung.
Die Zeichnungen auf den Seiten 13 und 16 stammen von Barbara Brenner, Hamburg.
Von der Firma Eternit AG, Berlin, stammen die erklärenden Abbildungen zum Verlegen der Kurzwellplatten (Abb. 98).
Alle Fotos stammen von Bernd Grützmacher.

Der Profi-Heimwerker

Christian Pessey / Marcel Guedj
Fliesen legen
2. Auflage. 128 Seiten mit
262 farbigen Abbildungen.
Broschiert.

Christian Pessey
**Wände verkleiden mit
Tapeten, Paneelen,
Kassetten**
128 Seiten mit 303 farbigen
und 6 sw. Abbildungen.
Broschiert.

Bernd Grützmacher
**Holzhäuser selber bauen
und montieren**
128 Seiten mit 108 farbigen
und ca. 106 sw. Abbildungen.
Broschiert.

Christian Pessey / Marcel Guedj
Mauern und Verputzen
128 Seiten mit 284 farbigen
und 16 Zeichnungen.
Broschiert.

Christian Pessey
Schreinern
2. Auflage. 128 Seiten mit
285 farbigen Abbildungen.
Broschiert.

Roland Thomas
**Ein altes Haus wird
renoviert**
*Schritt für Schritt vom
Keller bis zum Dach*
128 Seiten mit 108 farbigen
und 106 sw. Abbildungen.
Broschiert.

Bernd Grützmacher
**Grasdach und
Dachbegrünung**
*Planung, Aufbau, Eigenleistung
für moderne Grasdächer*
128 Seiten mit 23 farbigen
und 165 sw. Abbildungen.
Broschiert.

Christian Pessey
Dämmen und Isolieren
128 Seiten mit 305 farbigen
Abbildungen. Broschiert.

Callwey Verlag · Streitfeldstraße 35 · 81673 München